U0113988

走向数学丛书

冯克勤／主编

走向数学

椭圆曲线

ELLIPTIC CURVES

颜松远

著

大连理工大学出版社

图书在版编目(CIP)数据

椭圆曲线 / 颜松远著. -- 大连:大连理工大学出

版社，2023.1

(走向数学丛书 / 冯克勤主编)

ISBN 978-7-5685-4122-0

Ⅰ. ①椭… Ⅱ. ①颜… Ⅲ. ①椭圆曲线 Ⅳ.

①O187.1

中国国家版本馆 CIP 数据核字(2023)第 003585 号

椭圆曲线
TUOYUAN QUXIAN

大连理工大学出版社出版

地址:大连市软件园路 80 号　邮政编码:116023
发行:0411-84708842　邮购:0411-84708943　传真:0411-84701466
E-mail:dutp@dutp.cn　URL:https://www.dutp.cn

辽宁新华印务有限公司印刷　　　　　大连理工大学出版社发行

幅面尺寸:147mm×210mm　　　印张:4.75　　　字数:101 千字
2023 年 1 月第 1 版　　　　　　　　　　2023 年 1 月第 1 次印刷

责任编辑:王　伟　　　　　　　　　　责任校对:李宏艳
　　　　　　　　　封面设计:冀贵收

ISBN 978-7-5685-4122-0　　　　　　　定　价:69.00 元

本书如有印装质量问题,请与我社发行部联系更换。

"走向数学"丛书

陈省身题

科技强国，数学为本

吴文俊

2010.1.10

SCIENCE
&
HUMANITIES

走向数学丛书

编 写 委 员 会

续编说明

自从 1991 年"走向数学"丛书出版以来,已经出版了三辑,颇受我国读者的欢迎,成为我国数学传播与普及著作的一个品牌.我想,取得这样可喜的成绩主要原因是:中国数学家的支持,大家在百忙中抽出宝贵时间来撰写此丛书;天元基金的支持;与湖南教育出版社出色的出版工作.

但由于我国毕竟还不是数学强国,很多重要的数学领域尚属空缺,所以暂停些年不出版亦属正常.另外,有一段时间来考验一下已经出版的书,也是必要的.看来考验后是及格了.

中国数学界屡屡发出继续出版这套丛书的呼声.大连理工大学出版社热心于继续出版;世界科学出版社(新加坡)愿意出某些书的英文版;湖南教育出版社也乐成其事,尽量帮忙.总之,大家愿意为中国数学的普及工作尽心尽力.在这样的大好形势下,"走向数学"丛书组成了以冯克勤教授为主编的编委会,领导继续出版工作,这实在是一件大好事.

　　首先要挑选修订、重印一批已出版的书;继续组稿新书;由于我国的数学水平距国际先进水平尚有距离,我们的作者应面向全世界,甚至翻译一些优秀著作.

　　我相信在新的编委会的领导下,丛书必有一番新气象.

　　我预祝丛书取得更大成功.

王　元

2010 年 5 月于北京

编写说明

从力学、物理学、天文学，直到化学、生物学、经济学与工程技术，无不用到数学. 一个人从入小学到大学毕业的十六年中，有十三四年有数学课. 可见数学之重要与其应用之广泛.

但提起数学，不少人仍觉得头痛，难以入门，甚至望而生畏. 我以为要克服这个鸿沟还是有可能的. 近代数学难于接触，原因之一大概是其符号、语言与概念陌生，兼之近代数学的高度抽象与概括，难于了解与掌握. 我想，如果知道讨论对象的具体背景，则有可能掌握其实质. 显然，一个非数学专业出身的人，要把数学专业的教科书都自修一遍，这在时间与精力上都不易做到. 若停留在初等数学水平上，哪怕做了很多难题，似亦不会有助于对近代数学的了解. 这就促使我们设想出一套"走向数学"小丛书，其中每本小册子尽量用深入浅出的语言来讲述数学的某一问题或方面，使工程技术人员、非数学专业的大学生,甚至具有中学数学水平的人,亦能懂得书中全部或部分含义与内容.这对提高我国人民的数学修养与水平,可能会起些作用.显然,要将一门数学深入浅出地讲出来,绝非易事.首先要对这门数学有深入的研究与透彻的了解.从整体上说,我国的数学水平还不高,能否较好地完成这一任务还难说.但我了解很多数学家的积极性很高,他们愿意为"走向数学"丛书撰稿.这很值得高兴与欢迎.

承蒙国家自然科学基金委员会、中国数学会数学传播委员会与湖南教育出版社的支持,得以出版这套"走向数学"丛书,谨致以感谢.

王 元

1990 年于北京

前　言

椭圆曲线意新颖，

到处可见其踪影.

费马定理昂神通，

密码设计更称奇.

1997 年诺贝尔经济学奖得主、哈佛大学商学院教授罗伯特·默顿（Robert Merton）在其诺贝尔演讲报告中提道："科学不一定是实用的，而实用的科学未必就具有优美性和挑战性."很有幸的是，数论作为纯之又纯的数学学科〔20 世纪英国著名数学大师 G. H. 哈代（G. H. Hardy）的名言〕，尤其是集数论、代数、几何和复变函数论为一体的椭圆曲线理论，则不仅具有极佳的优美性和挑战性，而且具有很强的实用性和应用性.

所谓椭圆曲线（elliptic curve），可以认为是某一域（field），比如说有理数域 $\mathbf{Q}$ 上三次不定方程 $y^2 = x^3 +$

$ax+b$所定义的一种"平面"曲线,其中 a,b 为整数,$4a^3+27b^2\neq0$.这种貌似简单的曲线,简直就是一根"神线",因为它不仅具有很多优美漂亮的数学性质,而且还在众多的数学、计算机科学和密码学等领域中有着极为广泛而深入的应用.比如悬而未决 350 多年的著名数学难题"费马猜想"("费马大定理"),就是由英国数学家安德鲁·怀尔斯(Andrew Wiles)(现为英国牛津大学教授)于 1994 年应用椭圆曲线的理论而彻底解决的[在问题解决的最后一步曾得到他昔日的博士生,现为美国斯坦福大学教授理查·泰勒(Richard Taylor)的帮助].更为有意思的是,这种貌似简单的曲线,其理论却是十分的曲折深刻.比如,关于这种曲线上有理点的一些基本性质和分布,人们至今仍不太清楚,著名的 21 世纪七个"千禧难题"之一的"Birch 和 Swinnerton-Dyer 猜想"就是与椭圆曲线有理点分布有关的一个极具挑战性的难题,由英国数学家布莱恩·伯奇(Bryan Birch,现为牛津大学退休教授)和彼得·斯温纳顿-戴尔(Peter Swinnerton-Dyer,剑桥大学已故教授)于 20 世纪 60 年代初期提出来的一个悬而未决 60 余年的著名数学难题;美国克莱数学研究所悬赏一百万美元征寻其解.因此椭圆曲线的理论及其应用作为现代数论中的一个分支学科,可以说是集纯粹性、优美性、挑战性、应用性、实用性为一体的一个"突出例子".如果说"数论是数学的皇后"(高斯的名言),那么椭圆曲线理论就是皇后的皇冠上的一颗闪亮的"明珠".

　　这是一本为大学生、研究生、广大数学爱好者以及对椭圆曲线感兴趣的科技人员而写作的比较通俗易懂的书. 我们试图用简单浅显的语言向读者介绍曲折深刻的椭圆曲线理论及其应用. 一般来讲,具有中等数学水平的读者,都可以读懂本书大部分的内容(略过有关复杂的数学公式). 全书共分为八章. 第一章介绍与椭圆曲线有关的不定方程的知识,第二章介绍椭圆曲线的历史起源,第三章介绍椭圆曲线的重要性质,第四章介绍与椭圆曲线理论有关的一个极为重要的猜想,即 Birch 和 Swinnerton-Dyer 猜想(简称为 BSD 猜想),第五章介绍椭圆曲线在证明费马大定理中的应用,第六章介绍椭圆曲线在质性判定中的应用,第七章介绍椭圆曲线在整数分解中的应用,第八章介绍椭圆曲线在现代公钥密码体制中的应用. 在每章中,如果需要用到一些比较深刻的或读者不太熟悉的概念,如同余、群、环、域、ζ 函数、L 函数、模形式等,我们都会适时地在适当的地方予以介绍. 在本书的正文前给出了一些常用的符号及其说明,书末则给出进一步阅读的有关(英文)参考文献. 为了节省篇幅,在本书中我们一般不给出定理的详细证明. 另外,在每章的章末,都给出了一些思考题和科研题,供读者练习和研习之用. 所谓思考题,就是一些可以做得出来的问题. 所谓科研题,就是目前还没有答案或定论的悬而未决的难题;

这些难题有的悬而未决数千年,有的奖金高达一百万美元;当然科研不是为了获奖,但科研奖项确实是社会对历经艰辛而取得成就的科研人员的承认和回报.

作者衷心感谢本丛书的主编冯克勤教授(清华大学数学系)和顾问王元院士(中国科学院数学研究所),以及万哲先院士(中国科学院系统科学研究所)和王梓坤院士(北京师范大学数学系)对作者的鼓励、支持和帮助.国防科技大学数学与系统科学系谢端强教授阅读过本书初稿.在本书的写作过程中,曾得到邹建成教授和何炎祥教授的鼓励和支持,谨此一并致以衷心感谢.由于作者学识浅陋,书中缺点错误在所难免.不当之处,敬请读者不吝指教;来信可寄:songyuanyan@gmail.com,syan@math.harvard.edu 或 syan@math.mit.edu.

颜松远

完稿于伦敦和波士顿

目　录

常用符号一览表

符　号	说明及含义
:=	定义为
		整除,如 $3 \mid 6$
gcd	最大公约数,如 $\gcd(3,6)=3$
$a \equiv b \pmod{n}$	a 和 b 在模 n 下同余,如 $8 \equiv 1 \pmod{7}$
$\mathbf{Z}$	整数集合:$\mathbf{Z}=\{0,\pm 1,\pm 2,\pm 3,\cdots\}$
$\mathbf{Z}^+$	正整数集合:$\mathbf{Z}^+=\{1,2,3,\cdots\}$
$\mathbf{Q}$	有理数集合:$\mathbf{Q}=\{\dfrac{a}{b}:a,b\in\mathbf{Z},b\neq 0\}$
$\mathbf{R}$	实数集合: $\mathbf{R}=\{n+0.d_1d_2d_3\cdots:n\in\mathbf{Z},d_i\in\{0,1,\cdots,9\},$ 其中数字 9 不能无限连续重复出现$\}$
$\mathbf{C}$	复数集合: $\mathbf{C}=\{a+bi:a,b\in\mathbf{R},\mathrm{i}=\sqrt{-1}\}$
$\mathbf{Z}/n\mathbf{Z}$	整数模 n 剩余类集合或整数环(可简记为 $\mathbf{Z}_n$): $\mathbf{Z}/n\mathbf{Z}=\{0,1,2,\cdots,n-1\}$, 当 n 为质数 p 时,$\mathbf{Z}/p\mathbf{Z}$ 为一(有限)域
$(\mathbf{Z}/n\mathbf{Z})^*$	乘法群(可简记为 $\mathbf{Z}_n^*$): $(\mathbf{Z}/n\mathbf{Z})^*=\{a\in\mathbf{Z}/n\mathbf{Z}:\gcd(a,n)=1\}$
$\vert\mathbf{Z}/n\mathbf{Z}\vert$	集合 $\mathbf{Z}/n\mathbf{Z}$ 中元素的个数
$\mathbf{F}_p$	有限域,$\mathbf{F}_p=\mathbf{Z}/p\mathbf{Z}$,$p$ 为质数

$\mathbf{F}_q$	有限域,$q=p^k$ 为质数幂
$\mathscr{K}$	任意域
$\mathrm{Char}(\mathscr{K})$	域之特征(数)
E	椭圆曲线:$y^2=x^3+ax+b$,其中 $a,b\in\mathbf{Z},4a^3+27b^2\neq0$
$\mathscr{O}_E$	椭圆曲线上的无穷远点
$E\backslash\mathscr{K}$	定义在域 $\mathscr{K}$ 上的椭圆曲线 E
$E\backslash\mathbf{Q}$	定义在有理域 $\mathbf{Q}$ 上的椭圆曲线 E
$E\backslash\mathbf{F}_p$	定义在有限域 $\mathbf{F}_p$ 上的椭圆曲线 E
$E(\mathbf{Q}),E(\mathbf{F})_p$	$\mathbf{Q}$ 或 $\mathbf{F}_p$ 上椭圆曲线 E 的点之集合
$\lvert E(\mathbf{Q})\rvert,\lvert E(\mathbf{F})_p\rvert$	集合 $E(\mathbf{Q})$ 或 $E(\mathbf{Q})$ 中元素(点)之数目
$\mathrm{rank}(E(\mathbf{Q}))$	$E(\mathbf{Q})$ 之秩;也可记作 $\mathrm{rank}E(\mathbf{Q})$ 或 $r(E(\mathbf{Q}))$
N_p	$N_p=\lvert E(\mathbf{F}_p)\rvert$
a_p	$a_p=p+1-N_p$
$\zeta(s)$	黎曼 ζ 函数:

$$\zeta(s)=\sum_{i=1}^\infty n^{-s}=\prod_p(1-p^{-s})^{-1},$$
其中 $s=\sigma+it$ 为复数,$\sigma>1$,
p 过所有质数

$L(s,\chi)$	Dirichlet L 函数:

$$L(s,\chi)=\sum_{n=1}^\infty\chi(n)n^{-s}=\prod_p(1-\chi(p)p^{-s})^{-1},$$
其中 $s=\sigma+it$ 为复数,$\sigma>1$,

$\chi(n)$ 为模 m 之 Dirichlet 特征:

$$\chi(n)=\begin{cases}\chi(n\bmod m),&\text{如果 }\gcd(n,m)=1,\\0,&\text{如果 }\gcd(n,m)>1\end{cases}$$

$L(E,s)$	椭圆曲线的 Mordell-Weil L 函数:

$$L(E,s)=\sum_{n=1}^\infty a_n n^{-s}=\prod_{p\nmid2\triangle(E)}(1-a_p p^{-s}+p^{1-2s})^{-1},$$

其中 $s=\sigma+it$ 为复数,$\sigma>1$,

p 过所有质数

$$a_n = \begin{cases} 1, & \text{如果 } n = 1, \\ p - N_p, & \text{如果 } n = p, p \text{ 为质数}, \\ a_p\, a_{p^{r-1}} - p a_{p^{r-1}}, & \text{如果 } n = p^r \text{ 为质数幂}, \\ \displaystyle\prod_{i=1}^{k} a_{p_i^{\alpha_i}}, & \text{如果 } n = \displaystyle\prod_{i=1}^{k} p_i^{\alpha_i} \end{cases}$$

$\mathcal{P}$ 在确定型图灵机上以多项式时间解决的问题之集合

$\mathcal{NP}$ 在非确定型图灵机上以多项式时间解决的问题之集合

$\mathcal{O}$ 符号 $\mathcal{O}$ 的定义为：当 $x \to \infty$,

$f(x) = \mathcal{O}(g(x))$,如果存在 $c \in \mathbf{R} > 0$,使之 $f(x) < c g(x)$.

一　不定方程

　　德国著名数学家库尔特·亨泽尔（Kurt Hensel，1861—1941）有一句关于代数方程求解的名言：“一次二次容易，三次四次困难，五次以及五次以上不可能.”意思是说，一次二次的代数方程很容易解，三次四次就比较困难了，而五次和五次以上的代数方程是没有求解公式的. 其实，我国著名数学家华罗庚（1910—1985）先生早期出名也就是出名在有关代数方程的解法上. 1926 年上海的《学艺》杂志在其第 7 卷第 10 期上刊登了苏家驹先生的文章《代数的五次方程式之解法》（图 1 的左图）. 当时年轻的华罗庚先生看到这篇文章后就感到非常纳闷，因为早在 1820 年左右挪威天才数学家阿贝尔（1802—1829）就证明了五次以及五次以上的代数方程是没有代数解的，即没有“通用的代数求根公式”. 经过反复推算验证，华先生发现苏文中的一个阶为 12 的行列式的计算有误,从而导致出错误的结果,为此写出《苏家驹之代数的五次方程式解法不能成立之理由》的文章(图 1 的右图),在 1930 年上海的《科学》杂志第 15 卷第 2 期上刊出.正是这篇文章,导致当时清华大学数学系主任熊庆来(1893—1969)教授邀请仅有初中文凭的华罗庚先生到清华大学工作,并最终将他培养成国际著名数学大师(这是后话).

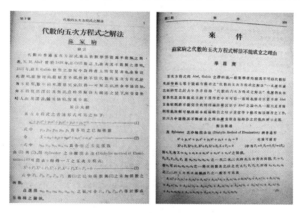

图 1 苏家驹和华罗庚文章的首页

对于一次二次的代数方程,一般中学生都会解.比如对于一般形式的一元二次方程

$$ax^2+bx+c=0, \tag{1}$$

其解法有"万能"的通用求根公式

$$x=\frac{-b \pm \sqrt{b^2-4ac}}{2a}, \tag{2}$$

并且根据其判别式 $\Delta=b^2-4ac$,可以唯一确定其解的结构,即

$$\Delta \begin{cases} >0, & \text{有两个不相同的实根,} \\ =0, & \text{有两个相同的实根,} \\ <0, & \text{有一对共轭的复根.} \end{cases} \quad (3)$$

对于三次、四次的代数方程,也有类似于二次方程那样的"万能"通解公式,只是因为比较复杂,一般的书都不提及而已. 比如对于一般形式的一元三次方程

$$ax^3 + bx^2 + cx + d = 0, \quad (4)$$

通过替换

$$y = x + \frac{b}{3a},$$

原方程可变换为

$$y^3 = py + q, \quad (5)$$

其中 p, q 为 a, b, c, d 的有理组合. 应用配方法,我们可得方程(5)之通解公式

$$y = \sqrt[3]{\frac{q}{2} + \sqrt{\left(\frac{q}{2}\right)^2 - \left(\frac{p}{3}\right)^3}} + \sqrt[3]{\frac{q}{2} - \sqrt{\left(\frac{q}{2}\right)^2 - \left(\frac{p}{3}\right)^3}}. \quad (6)$$

本书所要介绍的椭圆曲线,实际上是由一种特殊的三次代数方程所定义的"平面"曲线,这种特殊的代数方程属于"不定方程"(indeterminate equation)中的一种. 不定方程也称作"丢番图方程"(Diophantine equation),以纪念古希腊数学家丢番图(Diophantus,生活于公元 200—284 年)在这方面的贡献. 在此我们要特别强调:我们中华民族的先

哲其实在丢番图很早以前就开始研究不定方程了. 比如驰名于世的"勾股定理"和"孙子定理",就是关于不定方程(组)求解方面的重要成果. 我国民间流传甚广的"百钱买百鸡"(100 元钱买 100 只鸡,公鸡 5 元钱一只,母鸡 3 元钱一只,小鸡一元钱 3 只. 问公鸡、母鸡和小鸡各为多少才合适),就是一个不定方程的求解问题. 那么什么是不定方程呢?

定义 1.1 代数方程

$$p(x_1, x_2, \cdots, x_n) = 0 \tag{7}$$

被称为不定方程,如果该方程的系数为整数,且其解也要求为整数(或有理数).

一般来讲,在不定方程(组)中,方程的个数要小于其变量的个数.

我们来看一个具体的例子.

定理 1.1(费马大定理) 当 $n > 2$ 以及 $xyz \neq 0$ 时,方程

$$x^n + y^n = z^n \tag{8}$$

没有正整数解.

显然,这是一个典型的不定方程问题,因为方程(8)中的系数为整数,其解也要求为整数,并且方程中变量的个数大于方程的个数. 当 $n = 2$ 时,方程(8)有无穷多组整数解,我们中国古代的"勾三股四弦五"之"勾股定理"就给出了其中最小的一组正整数解 $(x, y, z) = (3, 4, 5)$. 但是,当 $n > 2$

时,方程(8)是没有整数解的.古希腊数学家丢番图在世时写作并出版了一本长达 13 卷的代数和数论巨著 *Arithmaticae*,但仅留存下来了 6 卷,大约有 130 多个数学问题收录在该书中.一开始并没有人认识到这本书的重要性,一直到 1570 年,后人才重新发现这本书,并由意大利人将其引入欧洲,才引起世人的广泛注意.当时法国终身以律师为业的天才业余数学家费马(1601—1665)手头就有 1621 年出版的该书.费马大约在 1630 年阅读该书的第 2(Ⅱ)卷第 85 页的第 8(Ⅷ)个问题(平方和问题)时(图 2;图 2 的左列为拉丁文,右列为希腊原文),对这个问题产生了浓厚的兴趣.他在这一页的第 8 个问题旁边的页边空白处用拉丁文①写道:

Cubum autem in duos cubos,aut quadrato-quadratum in duos quadrato-quadratos,et generaliter nullam in infinitum ultra quadratum,potestatem in duos ejusdem nominis fas est dividere. Cujus rei demonstrationem mirabilem sane detexi. Hanc marginis exiguitas non caperet.

---

①17—19 世纪拉丁文在欧洲非常盛行,如牛顿的《自然哲学的数学原理》(*Philosophiae Naturalis Principia Mathematica*),高斯的《数论研究》(*Disquisitiones Arithmeticae*),都是用拉丁文写的:

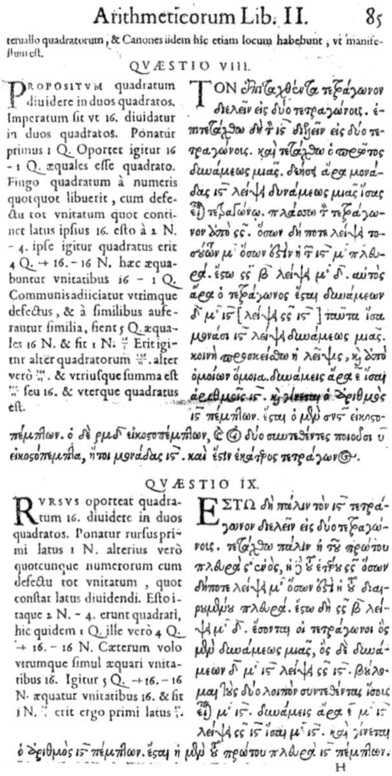
Arithmeticorum Lib. II. 85

teruallo quadratorum, & Canones iidem hic etiam locum habebunt, vt manifestum est.

QVÆSTIO VIII.

PROPOSITVM quadratum diuidere in duos quadratos. Imperatum sit vt 16. diuidatur in duos quadratos. Ponatur primus 1 Q. Oportet igitur 16 - 1 Q. æquales esse quadrato. Fingo quadratum à numeris quotquot libuerit, cum defectu tot vnitatum quot continet latus ipsius 16. esto à 2 N. - 4. ipse igitur quadratus erit 4 Q. + 16. - 16 N. hæc æquabuntur vnitatibus 16 - 1 Q. Communis adiiciatur vtrimque defectus, & à similibus auferantur similia, fient 5 Q. æquales 16 N. & fit 1 N. 16/5 Erit igitur alter quadratorum 256/25. alter verò 144/25. & vtriusque summa est 400/25 seu 16. & vterque quadratus est.

QVÆSTIO IX.

RVRSVS oporteat quadratum 16. diuidere in duos quadratos. Ponatur rursus primi latus 1 N. alterius verò quotcunque numerorum cum defectu tot vnitatum, quot constat latus diuidendi. Esto itaque 2 N. - 4. erunt quadrati, hic quidem 1 Q. ille verò 4 Q. + 16. - 16 N. Cæterum volo vtrumque simul æquari vnitatibus 16. Igitur 5 Q. + 16. - 16 N. æquatur vnitatibus 16. & fit 1 N. 16/5 erit ergo primi latus 16/5.

H

图 2 丢番图 1621 年版本的《算术》第 85 页

将这段话译成英文就是

One cannot write a cube as a sum of two cubes, a fourth power as a sum of two fourth powers, and more generally a perfect power as a sum of two like powers. I have found a quite remarkable proof of this fact, but the margin is too narrow to contain it.

如用现代的数学语言和中文结合起来翻译，就是：

当 $n > 2$ 以及 $xyz \neq 0$ 时方程 $x^n + y^n = z^n$ 没有正整数解. 我找到了这个问题的一个极其漂亮的证明, 可惜该页边空白处太小以致写不下我的证明.

由于费马并没有写下他的证明（也可能他确实有一个证明在其脑海里），因此这个问题一直就"悬而未决". 费马过世后, 其长子继承费马的遗志, 将费马的注解连同丢番图原著在 1670 年同时排印出版, 供后人研究, 这样我们就得到与图 2 相应的图 3. 对照比较一下这两幅图, 就可发现新增的费马的注解（Observatio Domini Petri de Fermat）. 很有意思的是, 这个问题一直到 1993 年, 才由英国数学家安德鲁·怀尔斯（Andrew Wiles）给出一个完整的证明, 但其证明仍存漏洞, 该漏洞最终也于 1994 年由怀尔斯和他昔日的博士生理查德·泰勒（Richard Taylor）共同合作填补（其实并非填补而是绕过）. 虽然在此之前的 350 多年的时间里, 有不少仁人志士给出了很多的证明, 但都是不正确或不完备的. 英国数学界把怀尔斯的这个证明看作英国在过去的 50 年里、继图灵（Alan Turing, 1928—1954）发明图灵机

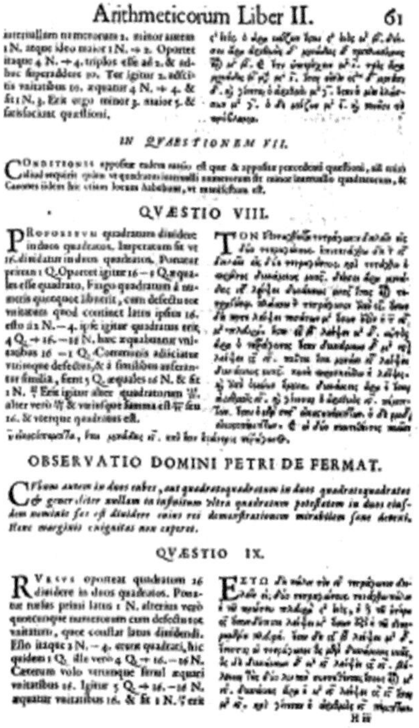
Arithmeticorum Liber II. 61

IN QVAESTIONEM VII.

QVÆSTIO VIII.

OBSERVATIO DOMINI PETRI DE FERMAT.

Cubum autem in duos cubos, aut quadratoquadratum in duos quadratoquadratos & generaliter nullam in infinitum vltra quadratum potestatem in duos eiusdem nominis fas est diuidere cuius rei demonstrationem mirabilem sane detexi. Hanc marginis exiguitas non caperet.

QVÆSTIO IX.

图 3 费马关于丢番图《算术》的注解版本

理论之后的另一项重大科研成果.①在此值得特别一提的是，怀尔斯的这一划时代成果完全是在秘密的、没有任何科研基金资助的情况下，面壁七年，独自一人干出来的(只是在最后一步才得到他昔日的学生泰勒的一些帮助).其实这是很正常的现象.像费马大定理这样悬而未决 350 多年的

①虽然怀尔斯的这项成果是在美国普林斯顿做的，但他一直保留着英国国籍.怀尔斯 2011 年重返英国，到他曾获得学士学位的母校牛津大学工作.

重大难题,谁也不敢高调声张,谁也不敢去申请科研基金,因为谁也不能保证他(她)能在有限的生命里把这个问题解决.所以科研必须能"坐得住",能"沉得住气",能不受金钱的"引诱".当然,社会不会忘记曾为科学作出过巨大贡献的科学家.比如,在怀尔斯证明出费马大定理后,曾获得过多项大奖,如 2005 年的邵逸夫奖.

由于不定方程之解限制在整数或有理数范围内,因此其解法要比一般代数方程的解法(在实数或复数范围内)困难很多.德国著名数学家利奥波德·克罗内克(Leopold Kronecker,1823—1891)曾说过,"正整数是神创造的,其余的数才是人创造的",意思就是说正整数的理论是最神秘莫测的,实数、虚数反而比较容易理解.让我们来回顾一下"代数基本定理".

定理 1.2(代数基本定理) 任何一个 n 次复系数代数方程

$$a_0 + a_1 x + a_2 x^2 + \cdots + a_n x^n = 0$$

至少有一个复根.

根据代数基本定理,n 次复系数"代数方程"在复数范围内总是有解的,但这与我们将要研究的"不定方程"没有太多的联系,因为在不定方程中,我们仅对其整数解或有理解感兴趣.

1900 年,在法国巴黎举办的世界数学家大会上,德国著名数学家希尔伯特(1862—1943)提出了 23 个著名数学难题,其中的第十个问题(简称为"希尔伯特第十问题",记作 H10)就是一个关于不定方程求解方面的问题. 这个问题可以简单描述为

$$H10 := \begin{cases} \text{输入:} \text{不定方程 } p(x_1, x_2, \cdots, x_n) = 0, \\ \text{输出:} \begin{cases} \text{有,该方程有整数解,} \\ \text{无,否则.} \end{cases} \end{cases}$$

比如下面就是几个与 H10 有关的问题:

(1)$x^2 + y^2 = z^2$ 有整数解吗?(有;事实上有无穷多组整数解.)

(2)$x^3 + y^3 = z^3$ 有整数解吗?(没有.)

(3)$x^3 + y^3 + z^3 = 33$ 有整数解吗?(目前还确定不了;可能有,也可能没有.)

希尔伯特第十问题最终由苏联著名数学家尤里·马季亚谢维奇[①](Yuri Matiyasevich,1947 年出生)在美国数学家马丁·戴维斯(Martin Davis)和朱莉娅·罗宾逊(Julia Robinson 等人的基础上于 20 世纪 60 年代末期、20 世纪 70 年代初期解决的.

定理 1.3(Matiyasevich) 确定一般不定方程可解性的

[①]马季亚谢维奇曾于 1964 年获得国际奥林匹克数学竞赛金牌,并在大学本科阶段就开始研究希尔伯特第十问题.

通用算法是不存在的.

这也就是说,"希尔伯特第十问题"是无解的,因为给定一个"任意"形式的不定方程,我们是没有办法告知这个方程是有解还是没有解的.当然,对于某些"特殊"形式的不定方程,其解还是比较容易确定的.

注意,希尔伯特第十问题寻求的是不定方程的整数解.如果我们将"整数解"换成"有理数解",那么与之相应的"扩展"的希尔伯特第十问题,即

$$H10' := \begin{cases} \text{输入:不定方程 } p(x_1, x_2, \cdots, x_n) = 0, \\ \text{输出:} \begin{cases} \text{有,该方程有有理数解,} \\ \text{无,否则.} \end{cases} \end{cases}$$

是否有解,则又是一个"悬而未决"的难题.

思考与科研题一

(1)思考题

(a)给出一般形式的一元四次代数方程

$$ax^4 + bx^3 + cx^2 + dx + e = 0$$

的求根公式.

(b)证明本章中提及的"代数基本定理".

(c)尽管丢番图为不定方程的研究与发展做出了巨大的贡献,但有关它的生平史料却知之甚少,只有他坟前墓碑上有关于他的年龄的信息:"他生命的 1/6 是童年,1/12 后开始长胡须,1/7 后结婚.婚后 5 年生一子,该子在他一半年纪时去世.在儿子去世的 4 年后,他也去世".请计算一下他到底在世界上活到了多少岁.

(d)求解本章中介绍的"百钱买百鸡"问题.

(2)科研题

(a)确定如下两个不定方程的可解性或不可解性(即有没有非零整数解):

(i)$x^3 + y^3 + z^3 = 33$;

(ii)$x^{1729} y^{1093} z^{196884} - 163xyzt^{262537412640768000} = 561$.

(b)1844 年比利时数学家尤金·卡塔兰(Eugéne Catalan,1814—1894)猜测:

$$2^3 - 3^2 = 1$$

是不定方程

$$x^u - y^v = 1 \quad (x, y > 0; u, v > 1)$$

的唯一一组正整数解. 这个看起来十分简单的问题,历时 158 年才于 2002年由瑞士数学家普雷达·米哈伊列斯库(Preda Mihǎilescu)证明,从而使得 Catalan 猜想变成 Catalan 定理. 将 Catalan 定理和费马大定理结合起来推广一下,就得到如下的 Fermat-Catalan 猜想:不定方程

$$x^p + y^q = z^r$$

有无穷多组正整数解,其中 x, y, z 为正整数且两两互质,p, q, r 为质数且

$$\frac{1}{p} + \frac{1}{q} + \frac{1}{r} \leqslant 1.$$

比如下面这些都是该方程的解:

$1^p + 2^3 = 3^2 (p > 2)$, $\qquad$ $2^5 + 7^2 = 3^4$,

$13^2 + 7^3 = 2^9$, $\qquad$ $2^7 + 7^3 = 71^2$,

$3^5 + 17^3 = 122^2$, $\qquad$ $33^8 + 1549034^2 = 15613^3$,

$1414^3 + 2213459^2 = 65^7$, $\qquad$ $9262^3 + 15312283^2 = 113^7$,

$17^7 + 76271^3 = 21063928^2$, $\qquad$ $43^8 + 96222^3 = 30042907^2$.

证明或反驳这个猜想.

(c) 加拿大麦吉尔(McGill)大学亨利·达蒙(Henri Darmon)教授(1983 年哈佛大学博士毕业)猜测上述的 10 组解是不定方程 $x^p + y^q = z^r$的唯一的正整数解,其中 x, y, z 为正整数且两两互质,p, q, r 为质数且

$$\frac{1}{p} + \frac{1}{q} + \frac{1}{r} < 1.$$

如果你能找到除此以外的正整数解，不管是一个还是多个，他都均按如下公式给你发放奖金（加拿大元）：

$$300\left(\cfrac{1}{\cfrac{1}{p}+\cfrac{1}{q}+\cfrac{1}{r}}-1\right).$$

(d)证明或反驳存在一个确定本章中给出的"扩展"的希尔伯特第十问题 H10′可解性的算法.

二 历史起源

同余数,顾名思义,就是与"同余"有关的数.为此,我们先介绍同余的概念.

定义 2.1 假定 a, b 为两个任意的整数,其中 $b \neq 0$. 如果存在一个整数 q,使得下列等式

$$a = bq \tag{9}$$

成立,我们就说 b 整除 a,或 a 被 b 整除,记作 $b \mid a$. 此时 b 为 a 的因数(也就是约数),a 为 b 的倍数.如果式(9)中的整数 q 不存在,我们就说 b 不能整除 a,或 a 不被 b 整除,记作 $b \nmid a$. 比如 $3 \mid 6$,但 $3 \nmid 7$.

令 $n > 1$ 为正整数,且称其为模(modulus).如果 n 为 $a - b$ 之因数,即

$$n \mid a - b, \tag{10}$$

或

$$a = kn + b, k \in \mathbf{Z} \tag{11}$$

则 a, b 称作在模 n 下同余(congruent)，且记作

$$a \equiv b (\mathrm{mod}\ n). \tag{12}$$

同理，如果 n 不为 $a - b$ 之因数，即

$$n \nmid a - b, \tag{13}$$

或

$$a \neq kn + b,\ k \in \mathbf{Z}, \tag{14}$$

则 a, b 称作在模 n 下不同余(incongruent)，且记作

$$a \not\equiv b (\mathrm{mod}\ n). \tag{15}$$

比如，$27 \equiv 3 (\mathrm{mod}\ 12)$，就意味着 $12 \mid 27 - 3$，也意味着 $27 = 2 \cdot 12 + 3$.

大约在公元前 1100 多年(也就是距今 3000 多年前)的西周时代，我国古代著名数学家商高就发现了举世闻名的"勾三股四弦五"之"商高定理"，也即勾股定理(其几何表示可参见图 4).

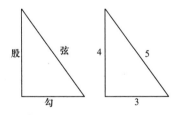

图 4　勾股定理示意图

定理 2.1 勾股各自乘，并之为弦实，开方除之，即弦也.

这个定理是说,如令直角三角形中短一点的那条直角边为勾,长一点的那条直角边为股,斜边为弦的话,那么勾股弦之间就满足如下关系式

$$勾^2 + 股^2 = 弦^2,$$

其一特例为

$$3^2 + 4^2 = 5^2.$$

这就是"勾三股四弦五"之来历. 这个十分重要的、集几何与代数为一体的商高定理,一直到公元前 250 年才由古希腊数学家毕达哥拉斯(Pythagoras)重新发现,并被称为"毕达哥拉斯定理",其实毕达哥拉斯定理就是勾股定理. 现令勾为 a,股为 b,弦为 c,则得 $a^2 + b^2 = c^2$,其中 (a,b,c) 被称作毕达哥拉斯三元组. 下面我们给出满足勾股定理条件的前十组毕达哥拉斯三元组:

a	b	c
3	4	5
5	12	13
6	8	10
7	24	25
8	15	17
9	12	15
9	40	41
10	24	26
12	16	20
12	35	37

众所周知,直角三角形的面积等于"二分之一底乘高". 如令 A 为面积,则 $A = \dfrac{1}{2}ab$. 大约在公元 980 年,阿拉伯人开始对面积为正整数的直角三角形感兴趣. 比如他们想知道:

（1）存不存在这样的有理直角边（勾和股均为有理数），使得该直角三角形的面积为一个正整数（称为同余数）？

（2）如果存在，如何将这个直角三角形的三条有理直角边求出来？

无巧不成书．我国古代的商高定理刚好就给出了这样一个面积为正整数（6）的直角三角形（图 5）：

$$3^2 + 4^2 = 5^2,$$

$$A = \frac{1}{2} \cdot 3 \cdot 4 = 6.$$

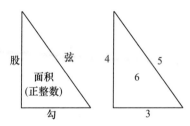

图 5　直角三角形与同余数的关系示意图

这简直是神来之笔，不费吹灰之力就找到了古代阿拉伯人梦寐以求的一个"同余数"．所以，我国古代的"勾股定理"，不仅包括

"勾三股四弦五"

之事实，而且还包括

"勾三股四弦五面积六"

之事实．我们不应埋没我们老祖宗的功劳．现在，我们对同余数作一精确的定义．

定义 2.2 正整数 n 称作"同余数"(congruent number),如果它是一个有理直角三角形的面积.

比如我们刚提到的正整数 6 就是一个同余数,5 和 7 也都是同余数,因为它们都是某一个有理直角三角形的面积,即

$$\left(\frac{3}{2}\right)^2 + \left(\frac{20}{3}\right)^2 = \left(\frac{41}{6}\right)^2, \qquad \frac{1}{2} \cdot \frac{3}{2} \cdot \frac{20}{3} = 5;$$

$$3^2 + 4^2 = 5^2, \qquad \frac{1}{2} \cdot 3 \cdot 4 = 6;$$

$$\left(\frac{35}{12}\right)^2 + \left(\frac{24}{5}\right)^2 = \left(\frac{337}{60}\right)^2, \qquad \frac{1}{2} \cdot \frac{35}{12} \cdot \frac{24}{5} = 7.$$

下面给出前 10 个同余数 n 及其相应的有理直角三角形的三条边 a, b, c 之值:

n	a	b	c
5	$\frac{3}{2}$	$\frac{20}{3}$	$\frac{41}{6}$
6	3	4	5
7	$\frac{24}{5}$	$\frac{35}{12}$	$\frac{337}{60}$
13	$\frac{780}{323}$	$\frac{323}{30}$	$\frac{106921}{9690}$
14	$\frac{8}{3}$	$\frac{63}{6}$	$\frac{65}{6}$
15	$\frac{15}{2}$	4	$\frac{17}{2}$
20	3	$\frac{10}{3}$	$\frac{41}{3}$
21	$\frac{7}{2}$	12	$\frac{25}{2}$
22	$\frac{33}{35}$	$\frac{140}{3}$	$\frac{4901}{105}$
23	$\frac{80155}{20748}$	$\frac{41496}{3485}$	$\frac{905141617}{72306780}$

显然如果 n 是同余数,则所有形为 nk^2(其中 $k>1$,且为正整数)之数都是同余数.比如 5 是同余数,那么所有形为

$$5 \cdot 2^2, 5 \cdot 3^2, 5 \cdot 4^2, \cdots$$

之数也都是同余数.同理,如果 n 为非同余数,那么所有形为 nk^2 之数也都是非同余数.比如 9 不是同余数,那么所有形为

$$9 \cdot 2^2, 9 \cdot 3^2, 9 \cdot 4^2, \cdots$$

之数也都不是同余数.在数学里,我们将形为 nk^2 之数称为"平方数".在本书中,我们对平方数不感兴趣,但对非平方数倒是感兴趣.

定义 2.3 n 为非平方数,如果 $n = p_1 p_2 \cdots p_k$,其中 p_1, $p_2, \cdots, p_k$ 为互异的质数.

所以研究考虑同余数(或非同余数),我们仅需研究考虑"非平方数".比如在上面的表列中的 20 就是一个与 5 有关的平方数,因此在研究同余数时,就不必考虑它了,因为在考虑 5 的时候,就已经把它考虑进去了.

那么,什么是同余数问题呢?

定义 2.4 "同余数问题"(congruent number problem, CNP)就是寻求一种"简单方便、行之有效"的"判别法则"来决定一个正整数 n 是否为同余数.更形式化一点,就是

$$\text{CNP} := \begin{cases} \text{输入:正整数 } n, \\ \text{输出:} \begin{cases} \text{是,如果 } n \text{ 为同余数,} \\ \text{否,否则.} \end{cases} \end{cases} \quad (16)$$

同余数问题是一个悬而未决至少一千多年的古老数学难题. 对于任意一个大于 1 的正整数 n,要确定它是否为一个同余数不是一个容易的问题. 有时就是知道了 n 是同余数,但要求出与 n 相应的直角三角形的三条边,也不是一件容易的事情. 比如 157 是一个同余数,但与之相应的直角三角形的三条边的边长的分母都很大,图 6 给出的是其中分母最小的直角三角形. 这是由德国马克斯-普朗克(Max-Planck)数学研究所的唐·查吉尔(Don Zagier)算出来的. 查吉尔是目前国际数学界公认的一个天才,他 16 岁在美国麻省理工学院数学系同时获得学士和硕士两个学位,19 岁在英国牛津大学数学系获得博士学位,曾为德国马克斯-普朗克数学研究所主管数论与代数的所长.

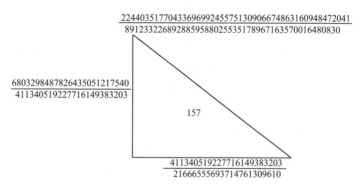

图 6　与同余数 157 相应的分母最小的直角三角形

目前已经知道：

定理 2.2　（1）如果 n 为质数，且 $n \equiv 5$ 或 $7 \pmod 8$，则 n 为同余数.

（2）如果 $n = p_1 p_2$（其中 p_1, p_2 为质数）为非平方数，并且 $p_1, p_2 \equiv 5$ 或 6 或 $7 \pmod 8$，则 n 为同余数.

因此有人猜测：

猜想 2.1　所有满足 $n \equiv 5$ 或 6 或 $7 \pmod 8$ 之正整数 n 均为同余数.

但目前还没有人能证明这个猜测.

科学的发现在很大程度上是不可预测的. 现代纯粹数学里的一些研究成果，不知道什么时候就能找到一些惊奇的应用，或者说就能发现它与别的一些似乎毫无关联的学科有内在联系. 英国著名数学家迈克尔·阿蒂亚（Michael Atiyah，1929—2019，1966 年菲尔兹奖和 2004 年阿贝尔奖得主）就曾说过："在数学里最使我感到惊奇的，是在两个看起来毫不相干的领域之间建立起一种意想不到的内在联系."3000 年前的商高、2000 年前的毕达哥拉斯以及 1000 年前的古代阿拉伯人可能连做梦都不会想到，他们研究的这种有理直角三角形会与现代艰深的椭圆曲线理论有密切关系.

从方程论的观点看，n 为同余数之条件为方程组

$$\begin{cases} a^2 + b^2 = c^2 \\ \dfrac{1}{2}ab = n \end{cases} \tag{17}$$

有有理解. 由第一个方程加/减第二个方程的 4 倍可以得到：

$$(a \pm b)^2 = c^2 \pm 4n.$$

在此新方程的两边同时除以 4 便又得到：

$$\left(\frac{a \pm b}{2}\right)^2 = \left(\frac{c}{2}\right)^2 \pm n,$$

令

$$x = \left(\frac{c}{2}\right)^2,$$

则

$$x \pm n = \left(\frac{a \pm b}{2}\right)^2.$$

这也就是说, 我们要找这样一个有理数 x, 使其等差数列

$$x - n, x, x + n \tag{18}$$

中的三个有理数都是平方数, 而 n 则是这个等差数列的"公差".

从"同余"的观点看, 这个等差数列中的三个数在模 n 下同余, 这大概就是为什么古代阿拉伯人会称 n 为同余数. 注意, n 本身并不与其他数同余, n 本身只是等差数列中的一个"公差", 而以此公差 n 为模, 那么这个等差数列中的三项 $x - n, x, x + n$ 才都互为同余.

比如 1776 是一个同余数,因此与 $a^2+b^2=c^2$ 和 $n=\dfrac{1}{2}ab$ 就有相应的具体的式子(图 7):

$$70^2+\left(\frac{1776}{35}\right)^2=\left(\frac{3026}{35}\right)^2,$$

$$1776=\frac{1}{2}\cdot 70\cdot\frac{1776}{35}.$$

如果我们令

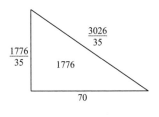

图 7 同余数 1776 示意图

$$x=\left(\frac{c}{2}\right)^2=\left(\frac{3026}{70}\right)^2,$$

则

$$x-n=x-1776=\left(\frac{337}{35}\right)^2=\frac{113569}{1225},$$

$$x=\left(\frac{3026}{70}\right)^2=\frac{2289169}{1225},$$

$$x+n=x+1776=\left(\frac{2113}{35}\right)^2=\frac{4464769}{1225}.$$

从而这个等差数列中的三项

$$(x-n,x,x+n)=\left(\frac{113569}{1225},\frac{2289169}{1225},\frac{4464769}{1225}\right)$$

在模 $n=1776$ 下互为同余,即

$$\frac{113569}{1225}\equiv\frac{2289169}{1225}\equiv\frac{4464769}{1225}\equiv 1225(\bmod\ 1776).$$

显然,反推过去,如果已知等差数列 $x-n,x,x+n$ 中的 x,那么与之相应的直角三角形的三条直角边 a,b,c 便可由下式算出：

$$a = \sqrt{x+n} + \sqrt{x-n}$$

$$= \sqrt{\frac{2289169}{1225} + 1776} + \sqrt{\frac{2289169}{1225} - 1776}$$

$$= 70,$$

$$b = \sqrt{x+n} - \sqrt{x-n}$$

$$= \sqrt{\frac{2289169}{1225} + 1776} - \sqrt{\frac{2289169}{1225} - 1776}$$

$$= \frac{1776}{35},$$

$$c = 2\sqrt{x} = 2\sqrt{\frac{2289169}{1225}} = \frac{3026}{35}.$$

在一般的情况下，这个 x 并不好确定. 因此，有时即便你知道了 n 是同余数，但与其相应的直角三角形的三条边 a,b,c 的值也很不好确定. 这就是为什么已知 157 是一个同余数[确定 157 为同余数还是很容易的，因为 157 是一个质数，且 $157 \equiv 5 \pmod 8$]，但数学奇才查吉尔还是费了很大的劲才把与其相应的直角三角形的三条边（还是分母为最小的三条边）给算了出来（请参见前面介绍过的图 6）.

下面我们进一步研究这个反映同余数的等差数列与椭圆曲线之间的内在联系. 如前所述，如果等差数列 $x-n$，$x,x+n$ 中的 x 存在的话，则

$$(x-n)x(x+n)=x^3-n^2x.$$

由于该等差数列中的各项均为平方数,因此其乘积必为平方数,从而可得

$$y^2=x^3-n^2x.$$

这样一来,确定 n 是不是同余数的问题就归结到确定如下三次不定方程

$$E_n: y^2=x^3-n^2x \tag{19}$$

是否有有理解的问题. 显然,方程(19)有三个"平凡解":

$$(x,y)=\{(0,0),(n,0),(-n,0)\}.$$

我们称其为"零解"(其 y 值均为零). 因此,n 为同余数,当且仅当方程(19)有除此 3 个"平凡解"之外的"非平凡解",即"非零解" (x,y),其中 $y\neq0$,也就是当且仅当方程(19)有无穷多个解(因为只要有一个非零解,就有无穷多个非零解). 我们之所以对方程(19)感兴趣,是因为这个方程所定义的曲线,就是本书要讨论的"椭圆曲线"(当然是一种特殊形式的椭圆曲线). 比如 5 是同余数,因为与之相应的椭圆曲线 $E_5: y^2=x^3-5^2x$ 上就有非零的有理点(图 8). 这样,就如同阿蒂亚所说的,我们将古老的"同余数问题"(甚至更古老的"勾股弦"问题)与现代的"椭圆曲线问题"这两个看起来完全无关的问题给有机地联系在一起了.

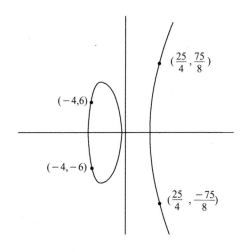

图 8 椭圆曲线 $y^2 = x^3 - 5^2 x$ 上（非零）有理点示意图

思考与科研题二

(1)思考题

(a)证明对于任意直角三角形 $\triangle abc$，其中 a,b 为其两直角边，c 为其斜边，恒有

$$a^2 + b^2 = c^2.$$

(b)证明 $1,2,3,4$ 都不是同余数.

(c)将 b 定义为"夹心数"，如果它夹在一个平方数 a^2 和一个立方数 c^3 之间，即 $a^2 < b < c^3$. 求出一个夹心数.

(d)"夹心数问题"实际上可以变换成椭圆曲线问题：$y^2 = x^3 - 2$. 证明这条椭圆曲线（方程）实际上只有一个整数解 (x, y).

(2)科研题

(a)证明或反驳如下之 Tunnell 猜想〔这实际上是我们将要在第四章介

绍的 Birch 和 Swinnerton-Dyer 猜想之一特例. 杰罗尔德·滕内尔(Jerrold Tunnell)目前为美国罗格斯(Rutgers)大学教授, 1977 年哈佛大学博士毕业, 导师为著名数学家约翰·泰特(John Tate)]: 假定 n 为一奇非平方数, 则方程

$$y^2 = x^3 - n^2 x$$

有非零解当且仅当

$$|\{(a,b,c):2a^2+b^2+8c^2=n\}| = 2 \cdot |\{(a,b,c):2a^2+b^2+32c^2=n\}|,$$

其中 a,b,c 均为整数, 符号 $|\{\cdot\}|$ 表示集合 $\{\cdot\}$ 内的元素的个数. 如果

$$|\{(a,b,c):2a^2+b^2+8c^2=n\}| \neq 2 \cdot |\{(a,b,c):2a^2+b^2+32c^2=n\}|,$$

那么, n 就是非同余数. 比如, 41 为同余数, 因为

$$41 = \overbrace{2(\pm4)^2+(\pm3)^2}^{4} = \overbrace{(\pm3)^2+8(\pm2)^2}^{4}$$

$$= \overbrace{2(\pm4)^2+(\pm1)^2+8(\pm1)^2}^{8}$$

$$= \overbrace{2(\pm2)^2+(\pm5)^2+8(\pm1)^2}^{8}$$

$$= \overbrace{2(\pm2)^2+(\pm1)^2+8(\pm2)^2}^{8},$$

$$41 = \overbrace{2(\pm4)^2+(\pm3)^2}^{4}$$

$$= \overbrace{(\pm3)^2+32(\pm1)^2}^{4}$$

$$= \overbrace{2(\pm2)^2+(\pm1)^2+32(\pm1)^2}^{8}.$$

(b)证明或反驳: 所有形为

$$8n+5 \text{ 或 } 8n+6 \text{ 或 } 8n+7 (n=0,1,2,\cdots)$$

的非平方数均为同余数.

(c)证明或反驳:存在一种算法,它可在有限步骤内确定给定的正整数 n 是否为同余数(可在有限步骤内解决同余数问题).

三 重要性质

椭圆曲线的理论基于比较抽象的近世代数和比较艰深的复变函数论. 为此我们先介绍一下有关群（group）、环（ring）、域（field）的基本概念.

定义 3.1 如果集合 G 有一个乘法运算·（有时为了方便也称为加法"＋"），且此运算具有性质：

(1)结合律： $(a \cdot b) \cdot c = a \cdot (b \cdot c)$；

(2)单位元的存在性： $e \cdot a = a \cdot e = a$；

(3)逆元的存在性： $a \cdot a^{-1} = a^{-1} \cdot a = e$；

则 G 称为一个乘法群（multiplicative group）. 如果 G 的乘法再满足交换律 $a \cdot b = b \cdot a$，则 G 称为（可）交换群，或阿贝尔群，以纪念挪威数学家阿贝尔的创造性工作. 如果 G 只含有限个元素，则 G 称为有限群，否则为无限群.（注：乘法记号可忽略不计，即 $ab = a \cdot b$.）

比如,在数的乘法下,所有正有理数和正实数都分别构成一个乘法群,但所有正整数不能构成一个群,因为性质(3)不成立.

再比如,在数的加法下,所有整数、所有有理数、所有实数和所有复数都分别构成一个加法群(additive group).在这些群中,运算表现为对 a,b 求和 $a+b$,结合律表现为 $(a+b)+c=a+(b+c)$.性质(2)表现为零元素的存在性:$0+a=a+0=a$.性质(3)表现为负元素的存在性:$a+(-a)=(-a)+a=0$.

定义 3.2 如果集合 R 有加法和乘法两个运算且具有性质:

(1)R 在加法下是一个交换群;

(2)乘法满足结合律:$(ab)c=a(bc)$;

(3)加法和乘法之间存在左、右分配律:
$$a(b+c)=ab+ac,(b+c)a=ba+ca.$$
则 R 称为一个环(ring).如果乘法再满足交换律,则 R 称为交换环.

比如,在数的加法和乘法下,所有整数和所有偶数都分别构成一个环.整数模 n 的剩余类集合 $\mathbf{Z}/n\mathbf{Z}=\{0,1,2,\cdots,n-1\}$ 构成一个环.

定义 3.3 一个有单位元素 1(有时记作 e)的交换环为一个域,如其中的每一个非零元素 a 均有 a^{-1},也即 $a \cdot a^{-1}=1$.

比如有理数、实数和复数的集合都是域（无限域，因为它们有无限多个元素）. 整数模 p（p 为质数）的剩余类集合 $\mathbf{Z}/p\mathbf{Z}=\{0,1,2,\cdots,p-1\}$ 也是一个域（有限域，因为它仅有有限多个，即 p 个元素）. 比如 $\mathbf{Z}/5\mathbf{Z}=\{0,1,2,3,4\}$ 是一个域，因为它的每一个非零元素都是可逆的，即

$$1^{-1}=1, \quad 因为 1 \cdot 1^{-1}\equiv 1(\mathrm{mod}\ 5),$$
$$2^{-1}=3, \quad 因为 2 \cdot 2^{-1}\equiv 1(\mathrm{mod}\ 5),$$
$$3^{-1}=2, \quad 因为 3 \cdot 3^{-1}\equiv 1(\mathrm{mod}\ 5),$$
$$4^{-1}=4, \quad 因为 4 \cdot 4^{-1}\equiv 1(\mathrm{mod}\ 5).$$

但是，$\mathbf{Z}/6\mathbf{Z}=\{0,1,2,3,4,5\}$ 不是一个域，因为它的每一个非零元素不一定是可逆的，比如 $2,3,4$ 就不是可逆元素，事实上 $\mathbf{Z}/6\mathbf{Z}$ 只有两个可逆元素，即

$$1^{-1}=1, \quad 因为 1 \cdot 1^{-1}\equiv 1(\mathrm{mod}\ 6),$$
$$5^{-1}=5, \quad 因为 5 \cdot 5^{-1}\equiv 1(\mathrm{mod}\ 6).$$

注意，由于 $\mathbf{Z}/p\mathbf{Z}$ 是一个有限域，故我们将其记为 $\mathbf{F}_p$. 有限域也称作伽罗瓦域，以纪念法国数学家伽罗瓦（Évariste Galois，1811—1832）的首创性工作.

根据乘法群的定义，可得与 $\mathbf{Z}/n\mathbf{Z}$ 相应的乘法群 $(\mathbf{Z}/n\mathbf{Z})^*$，即

$$(\mathbf{Z}/n\mathbf{Z})^* = \{a \in \mathbf{Z}/n\mathbf{Z} : \gcd(a,n)=1\}.$$

所以

$$(\mathbf{Z}/5\mathbf{Z})^* = \{1,2,3,4\},$$

$$(\mathbf{Z}/6\mathbf{Z})^* = \{1,5\}.$$

如果把域 $\mathscr{K}$ 看作一个加法群而考虑其元素的周期,那么我们发现,所有非零元素在加法下均具有同一个周期,即它要么是无穷大,要么都是一个质数 p. 我们将这个共同的周期称为域 $\mathscr{K}$ 的特征(characteristic),且记为 $\text{Char}(\mathscr{K})$. 如果其周期为无穷大,则记作 $\text{Char}(\mathscr{K}) = 0$,否则记作 $\text{Char}(\mathscr{K}) = p$. 显然,$\text{Char}(\mathbf{Q})$、$\text{Char}(\mathbf{R})$ 以及 $\text{Char}(\mathbf{C})$ 都等于 0,而 $\text{Char}(\mathbf{F}_p) = p$.

现考虑定义在某一域 $\mathscr{K}$ 上的一般二元三次不定方程

$$y^2 + axy + by = x^3 + cx^2 + dx + e. \tag{20}$$

方程(20)称为 Weierstrass"一般"方程,或 Weierstrass"长"方程,以纪念德国数学家魏尔斯特拉斯(Karl Weierstrass,1815—1897)在这方面的首创工作,据说他最早研究这类方程. 不过就椭圆曲线研究而言,美国数学家约翰·泰特(John Tate,1925—2019,泰特是美国资深的数学家,于2003 年获得沃尔夫奖,2010 年获得阿贝尔奖.)在研究椭圆曲线时最早使用这种方程(因为在魏尔斯特拉斯时代还没有关于椭圆曲线的完整概念). 我们甚至可以考虑比式(20)更长、更一般的方程

$$ax^3 + bx^2y + cxy^2 + dy^3 + ex^2 + fxy + gy^2 + hx + iy + j = 0, \tag{21}$$

不过没有太大的必要,因为式(21)可以很方便地变换成式(20).

当 $\mathrm{Char}(\mathscr{K})=2$ 时,方程(20)可以变换成

$$y^2+cy=x^3+ax^2+b, \tag{22}$$

或

$$y^2+xy=x^3+ax^2+b. \tag{23}$$

当 $\mathrm{Char}(\mathscr{K})=3$ 时,方程(20)又可以变换成

$$y^2=x^3+ax^2+bx+c. \tag{24}$$

当 $\mathrm{Char}(\mathscr{K})>3$ 时,方程(20)则又可以变换成

$$y^2=x^3+ax+b. \tag{25}$$

在椭圆曲线研究领域里,方程(25)是最典型、应用最广泛的三次不定方程(称为 Weierstrass 方程、Weierstrass "短"方程,或 Weierstrass"典型"方程).从现在开始,只要我们提及三次不定方程,除非特别声明,均指这种典型的三次不定方程.那么,究竟什么是椭圆曲线呢?

定义 3.4　我们将 $\mathrm{Char}(\mathscr{K})>3$ 的域 $\mathscr{K}$ 上之三次不定方程,即方程(25)

$$E: y^2=x^3+ax+b$$

所定义的平面三次代数曲线称为椭圆曲线,并记为 $E\backslash\mathscr{K}$,或简记为 E,其中 $a,b\in\mathscr{K}$,$\Delta(E)=-16(4a^3+27b^2)\neq 0$;$\Delta(E)$ 称为椭圆曲线 E 的判别式.

事实上,只要它们相应的判别式 $\Delta(E)\neq 0$,上述给出的各方程,如式(20)、式(21)、式(22)、式(23)、式(24)所定义的曲线,都是椭圆曲线,只不过我们对 Weierstrass 典型

方程 $y^2 = x^3 + ax + b$ 所定义的椭圆曲线更感兴趣而已(当然也是由于这种曲线的应用要更广泛一些).

从直观的几何图形上看,椭圆曲线是不定方程 $y^2 = x^3 + ax + b$ 所定义的一条"平面"上的三次代数曲线. 比如图 9 中的左图就是由方程 $y^2 = x^3 - 3x + 3$ 定义的椭圆曲线,而图 9 中的右图则是由方程 $y^2 = x^3 - 4x + 2$ 所定义的椭圆曲线. 注意,图 9 中右图的椭圆曲线虽然由左、右两个部分组成,但它们是一个图形,并且由一个方程唯一确定. 虽然椭圆曲线是由三次不定方程定义的,但并非所有的三次不定方程所定义的曲线都是椭圆曲线. 比如由三次方程 $y^2 = x^3 + x$ 和 $y^2 = x^3 + x^2$ 所定义的三次曲线就不是椭圆曲线,因为其判别式 $\Delta(E) = 0$. 一般地,我们将 $\Delta(E) = 0$ 的三次曲线称为奇异(singular)的三次曲线,而将 $\Delta(E) \neq 0$ 的三次曲线称为非奇异(non-singular)的三次曲线. 非奇异的三次曲线也就是椭圆曲线. 注意,椭圆曲线与椭圆并没有什么内在联系,椭圆是二次曲线,而椭圆曲线则是三次曲线. 从拓扑学(topology)的观点看,椭圆曲线是"亏格"(genus)为 1 的平面曲线,而椭圆、双曲线、抛物线等二次曲线都是亏格为 0 的平面曲线. 椭圆曲线的另一个来自代数几何的漂亮名字是"维数为 1 的可交换簇"(abelian varieties of dimension 1).

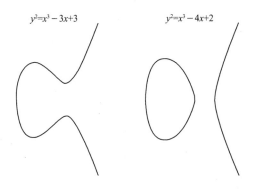

$$y^2=x^3-3x+3 \qquad y^2=x^3-4x+2$$

图 9　椭圆曲线的两个例子

　　从集合论的观点看,椭圆曲线实际上是由它上面的点的集合所构成的(几何学中的"点动成线"就是这个道理),并且它可以由其点集唯一确定.一般地,我们将定义在某一数域 $\mathcal{K}$ 上的椭圆曲线 $E: y^2 = x^3 + ax + b$ 上的点所构成的集合记作 $E(\mathcal{K})$.

　　椭圆曲线的一个十分优美漂亮的性质就是椭圆曲线上的"点集"构成一个"可交换的加法群",这样,群论中的一整套理论就都可以应用到椭圆曲线上.椭圆曲线上任何两点(不必相异)相加所得到的第三点一定也在这条椭圆曲线上,即如果 $P, Q \in E(\mathcal{K})$,则 $P \oplus Q \in E(\mathcal{K})$.当然,我们还需要定义一个"无穷远点(point at infinity)",记作 $\mathcal{O}_E$,这样当两个垂直的点相加时,这个无穷远点就是这两个点相加之和(图 10).图 10 实际上展示了下面这条十分重要的椭圆曲线的几何作图规则.

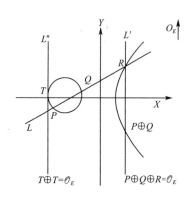

图 10　椭圆曲线上点之加法示意图

定理 3.1(椭圆曲线的几何作图规则)　假定 $P,Q \in E,L$ 为连接 E 上 P 与 Q 两点的直线(如果 $P=Q$,这条直线就是点 P 在 E 上的一条切线),R 为 L 在 E 上的第三个交点. 设 L' 连接 R 与无穷远点 $\mathscr{O}_E$. 则点 $P \oplus Q$ 就是 E 上的第三个点,使得 L' 在点 $R,\mathscr{O}_E$ 和 $P \oplus Q$ 上与 E 相交.

从群论的观点看,椭圆曲线之点群具有如下的群论性质.

定理 3.2(椭圆曲线的群论性质)　椭圆曲线的几何作图规则具有如下性质:

(1)封闭性:如果相交于曲线 E 的直线 L 在 E 上有三个交点(不必相异)P,Q,R,则

$$(P \oplus Q) \oplus R = \mathscr{O}_E.$$

(2)零元的存在性(无穷远点作为零元):$P \oplus \mathscr{O}_E = P,$ $\forall P \in E.$

(3)交换律：$P \oplus Q = Q \oplus P, \forall P, Q \in E$.

(4)可逆元的存在性：设 $P \in E$，则存在着 E 中之一点，记为 $\ominus P$，使之

$$P \oplus (\ominus P) = \mathcal{O}_E.$$

(5)结合律：设 $P, Q, R \in E$，则

$$(P \oplus Q) \oplus R = P \oplus (Q \oplus R).$$

(6)设 E 为定义在域 $\mathcal{K}$ 上的椭圆曲线，则

$$E(\mathcal{K}) = \{(x, y) \in \mathcal{K}^2 : y^2 = x^3 + ax + b\} \bigcup \{\mathcal{O}_E\}$$

为 E 中之一子群.

定义 3.5 设 P 为 $E(\mathbf{Q})$ 中之一元素. 则 P 之阶为 k，如果

$$kP = \underbrace{P \oplus P \oplus \cdots \oplus P}_{k \text{个} P \text{相加}} = \mathcal{O}_E \tag{26}$$

使之 $k'P \neq \mathcal{O}_E, 1 < k' < k$. 这也就是说，$k$ 是满足条件 $kP = \mathcal{O}_E$ 之最小正整数. 如果 k 存在，则 P 具有有穷阶，否则具有无穷阶.

比如令 $P = (3, 2)$ 为 $\mathbf{Z}/7\mathbf{Z}$ 上椭圆曲线 $E : y^2 = x^3 - 2x - 3$ 之一点，由于 $10P = \mathcal{O}_E, kP \neq \mathcal{O}_E$，对所有 $k < 10$，因此 P 之阶为 10. 若令 $P = (-2, 3)$ 为 $\mathbf{Q}$ 上椭圆曲线 $E : y^2 = x^3 + 17$ 之一点，则 P 显然具有无穷阶.

对于椭圆曲线上点之加法，不仅其几何意义非常明显，而且其代数计算公式也十分优美、简便.

定理 3.3　如果 $P_1(x_1,y_1), P_2(x_2,y_2)$ 为椭圆曲线

$$E: y^2 = x^3 + ax + b$$

上的两个点(可以相同,也可以相异),则 E 上的第三个点 $P_3 = (x_3, y_3) = P_1 \oplus P_2$ 可以按如下公式计算:

$$P_1 \oplus P_2 = \begin{cases} \mathcal{O}_E, & \text{如果 } x_1 = x_2 \text{ 和 } y_1 = -y_2, \\ (x_3, y_3), & \text{否则}, \end{cases}$$

其中

$$(x_3, y_3) = (\lambda^2 - x_1 - x_2, \lambda(x_1 - x_3) - y_1),$$

$$\lambda = \begin{cases} \dfrac{3x_1^2 + a}{2y_1}, & \text{如果 } P_1 = P_2, \\ \dfrac{y_2 - y_1}{x_2 - x_1}, & \text{否则}. \end{cases}$$

下面我们来看几个椭圆曲线上点的计算的实例. 令 E 为 $\mathbf{Q}$ 上的椭圆曲线 $y^2 = x^3 + 17$, $P_1 = (x_1, y_1) = (-2, 3)$ 和 $P_2 = (x_2, y_2) = (1/4, 33/8)$ 为 E 上的两个点. 则

$$\lambda = \frac{y_2 - y_1}{x_2 - x_1} = \frac{1}{2},$$

$$x_3 = \lambda^2 - x_1 - x_2 = 2,$$

$$y_3 = \lambda(x_1 - x_3) - y_1 = -5.$$

因此, $P_3 = P_1 \oplus P_2 = (x_3, y_3) = (2, -5)$. 如再令 $P = (3, 2)$ 为 $\mathbf{Z}/7\mathbf{Z}$ 上椭圆曲线 $E: y^2 = x^3 - 2x - 3$ 之一点,则有

$$2P = P \oplus P = (3, 2) \oplus (3, 2) = (2, 6),$$

$$3P = P \oplus 2P = (3, 2) \oplus (2, 6) = (4, 2),$$

$$4P = P \oplus 3P = (3,2) \oplus (4,2) = (0,5),$$
$$5P = P \oplus 4P = (3,2) \oplus (0,5) = (5,0),$$
$$6P = P \oplus 5P = (3,2) \oplus (5,0) = (0,2),$$
$$7P = P \oplus 6P = (3,2) \oplus (0,2) = (4,5),$$
$$8P = P \oplus 7P = (3,2) \oplus (4,5) = (2,1),$$
$$9P = P \oplus 8P = (3,2) \oplus (2,1) = (3,5),$$
$$10P = P \oplus 9P = (3,2) \oplus (3,5) = \mathcal{O}_E.$$

$10P$ 为 E 上的一个"无穷远点".

现在我们转而来讨论椭圆曲线 $E \backslash \mathbf{F}_p$ 上点的数目 $|E(\mathbf{F}_p)|$. 令 E 为有限域 $\mathbf{F}_5$ 上的椭圆曲线 $E: y^2 \equiv x^3 + 3x \pmod 5$,则在这条曲线上共有 10 个点:

$$E(\mathbf{F}_5) = \{\mathcal{O}_E, (0,0), (1,2), (1,3), (2,2),$$
$$(2,3), (3,1), (3,4), (4,1), (4,4)\},$$

$$|E(\mathbf{F}_5)| = 10.$$

可是在同样的域 $\mathbf{F}_5$ 中,曲线 $E: y^2 \equiv 3x^3 + 2x \pmod 5$ 却只有两个点:

$$E(\mathbf{F}_5) = \{\mathcal{O}_E, (0,0)\},$$
$$|E(\mathbf{F}_5)| = 2.$$

一般地,我们有:

定理 3.4 令 $|E(\mathbf{F}_p)|$(p 为质数)为有限域 $\mathbf{F}_p$ 上椭圆曲线 E 之点的个数. 则

$$|E(\mathbf{F}_p)| = 1 + p + \varepsilon, \tag{27}$$

这中间包括无穷远点 $\mathcal{O}_E$.

式(27)的 ε 值由如下定理给定.

定理 3.5(Hasse 定理)

$$|\varepsilon| \leqslant 2\sqrt{p}. \tag{28}$$

也即

$$1 + p - 2\sqrt{p} \leqslant |E(\mathbf{F}_p)| \leqslant 1 + p + 2\sqrt{p}. \tag{29}$$

比如,令 $p=5$,则 $|\varepsilon| \leqslant 4$. 因此,$1+5-4 \leqslant |E(\mathbf{F}_5)| \leqslant 1+5+4$. 这也就是说,在 $\mathbf{F}_5$ 上的椭圆曲线有 2 至 10 个点(表 1).

现在我们讨论比 $E(\mathbf{F}_p)$ 更一般的情形,即有理域 $\mathbf{Q}$ 上椭圆曲线 E 的点集 $E(\mathbf{Q})$ 的结构和求法. 一般来讲,有三个与 $E(\mathbf{Q})$ 有关的基本问题:

定义 3.6

$$\text{椭圆曲线问题(ECP)} \begin{cases} \text{ECP1} := \begin{cases} \text{输入}: E \backslash \mathbf{Q}, \\ \text{输出}: \begin{cases} \text{是,如果} |E(\mathbf{Q})| = \infty, \\ \text{否,否则}; \end{cases} \end{cases} \\ \text{ECP2} := \begin{cases} \text{输入}: E \backslash \mathbf{Q}, \\ \text{输出}: \text{所有的有理点 } P \in E(\mathbf{Q}); \end{cases} \\ \text{ECP3} := \begin{cases} \text{输入}: E \backslash \mathbf{Q}, \\ \text{输出}: \text{某一个特定的有理点 } P \in E(\mathbf{Q}). \end{cases} \end{cases}$$

表 1　　　　　F_5 上若干椭圆曲线点之数目

$E\backslash \mathbf{F}_5$	$|E(\mathbf{F}_5)|$	$E\backslash \mathbf{F}_5$	$|E(\mathbf{F}_5)|$
$y^2 = x^3 + 2x$	2	$y^2 = x^3 + 2x + 1$	7
$y^2 = x^3 + 4x + 2$	3	$y^2 = x^3 + 4x$	8
$y^2 = x^2 + x$	4	$y^2 = x^3 + x + 1$	9
$y^2 = x^3 + 3x + 2$	5	$y^2 = x^3 + 3x$	10
$y^2 = x^3 + 1$	6		

上面的第一个问题是要确定集合 $E(\mathbf{Q})$ 中是否有无穷多个有理点,第二个问题是要求出集合 $E(\mathbf{Q})$ 中所有的有理点,第三个问题是要求出集合 $E(\mathbf{Q})$ 中某一个特定的有理点.在一般的情况下,这三个问题都很困难.

1922 年,英国著名数学家莫代尔(J. L. Mordell,1888—1972)(图 11)得到了关于 $E(\mathbf{Q})$ 的一个重要结果,现一般称为 Mordell 有限基定理,或简称为 Mordell 定理.莫代尔在英国数学界是一位几乎与哈代(G. H. Hardy,1877—1947)和李特尔伍德(John E. Littlewood

图 11　莫代尔

(1885—1977)齐名的大数学家,专长于不定方程,是我国著名数学家柯召先生 1935—1938 年在英国曼彻斯特大学留学时的导师.在莫代尔的影响下,一时间曼彻斯特云集了多位数论大师,其中包括莫代尔本人(1922—1945),埃尔特希(Paul Erdös,1934—1938),柯召(1935—1938),哈罗德·达文波特(Harold Davenport,1937—1938),以及库尔特·

马勒(Kurt Mahler,1937—1963;马勒为德国著名数学家,1937—1963 年移居英国,1963 年移居澳大利亚,直至 1988 年去世). 另外,在莫代尔之前,李特尔伍德也曾于 1907—1910 年在曼彻斯特大学工作了 3 年. 莫代尔 1888 年出生在美国的费城,1906 年到英国剑桥读书,并获得博士学位,1913—1945 年分别在伦敦和曼彻斯特大学工作,其中第一次世界大战 1914—1918 年在英军工作,1945 年重返剑桥,直至逝世.

定理 3.6(Mordell 定理) 令 $E(\mathbf{Q})$ 为椭圆曲线 $E \backslash \mathbf{Q}$ 上点之集合,则 $E(\mathbf{Q})$ 为一有限生成交换群.

为了更好地理解 Mordell 定理,我们先引进一个定义:

定义 3.7 令 G 为一可交换的加法群. 则

$$g_1, g_2, \cdots, g_r \tag{30}$$

被称为在 G 中是相互独立的,如果

$$z_1 g_1 + z_2 g_2 + \cdots + z_r g_r = 0, \tag{31}$$

其中 $z_i \in \mathbf{Z}$ 当且仅当对所有 $i = 1, 2, \cdots, r, z_i = 0$. G 中相互独立的元素的最大个数 r 被称为 G 的秩(rank),$r \geqslant 0$. 当 $r = 0$ 时,G 为有限群,否则为无限群.

$E(\mathbf{Q})$ 为一"有限生成的交换群"表明它含有一个有限的子群,称为"挠群"(torsion group)",并记为 $E(\mathbf{Q})_{tors}$(该子群由具有有限阶的有理点 $T_1, T_2, \cdots, T_t$ 组成),和一个无限的子群 $\mathbf{Z}^r$(该子群由一组具有无穷阶的有限个相互独

立的基点 $P_1, P_2, \cdots, P_r$ 决定），即

$$E(\mathbf{Q}) \cong E(\mathbf{Q})_{\text{tors}} \bigoplus \mathbf{Z}^r, \qquad (32)$$

其中 $\cong$ 表示"同构"，r 为 $E(\mathbf{Q})$ 之秩（或称为 $E(\mathbf{Q})$ 的 Mordell-Weil 秩），它决定集合 $E(\mathbf{Q})$ 的大小，一般记为 $\text{rank}(E(\mathbf{Q}))$，$r(E(\mathbf{Q}))$，或 $r(E)$. $T_1, T_2, \cdots, T_t, P_1, P_2, \cdots,$ P_r 为 $E(\mathbf{Q})$ 的生成元.

比如对于椭圆曲线 $E: y^2 = x^3 + 856967076x$，我们有：

$$\begin{cases} E(\mathbf{Q})_{\text{tors}} = \{T_1, T_2, T_3, T_4\} = \\ \qquad \{(67, 0), (-179, 0), (113, 0), \mathcal{O}_E\}, \\ \text{rank}(E(\mathbf{Q})) = 4, \\ \{P_1, P_2, P_3, P_4\} = \\ \qquad \left\{(40, 657), (21, 920), \left(\dfrac{-55}{16}, \dfrac{76797}{64}\right), \left(\dfrac{3305}{121}, \dfrac{1114848}{1331}\right)\right\}. \end{cases}$$

这说明该椭圆曲线有无穷多个有理点，即 $E(\mathbf{Q})$ 是一个无限群. 但是，对于椭圆曲线 $y^2 = x^3 - x$，

$$\begin{cases} E(\mathbf{Q}) = E(\mathbf{Q})_{\text{tors}} = \{(0, 0), (1, 0), (-1, 0), \mathcal{O}_E\}, \\ \text{rank}(E(\mathbf{Q})) = 0. \end{cases}$$

这说明该椭圆曲线只有有限多个有理点，即 $E(\mathbf{Q})$ 是一个有限群.

根据 Mordell 定理，有理域上椭圆曲线 E 上的每个有理点 $P \in E(\mathbf{Q})$，尽管这些点可能是无穷的，都可唯一地表示成

$$P = T + k_1 P_1 + k_2 P_2 + \cdots + k_r P_r, \tag{33}$$

其中 $T \in E(\mathbf{Q})_{\mathrm{tors}}, k_1, k_2, \cdots, k_r$ 为整数, r 为 $E(\mathbf{Q})$ 的秩. $r = 0$ 当且仅当 $E(\mathbf{Q}) = E(\mathbf{Q})_{\mathrm{tors}}$, 这表明 $E(\mathbf{Q})$ 为有限群. 如果 $r \geqslant 1$, 则表明 $E(\mathbf{Q})$ 上含有无穷阶的点, 因此 E 上有无穷多个有理点; r 的值越大, E 上的有理点就越多. 所以, 要确定 $E(\mathbf{Q})$, 我们需要分别确定 $E(\mathbf{Q})_{\mathrm{tors}}$ 和 $\mathbf{Z}^r$. 对于 $E(\mathbf{Q})_{\mathrm{tors}}$ 来讲, 只要给定 $E \backslash \mathbf{Q}$, 我们就有"算法"来确定它.

定理 3.7 $E(\mathbf{Q})_{\mathrm{tors}}$ 的确定与计算:

(1)(Nagell-Lutz, 1935—1937)若将每个挠点(torsion point)写成 $T_i = (x_i, y_i)$, 则 (x_i, y_i) 均为整数. 进而, 如果 $y_i \neq 0$, 则 $y_i^2 \mid (4a^3 + 27b^2)$.

(2)(Mazur, 1977)

$$E(\mathbf{Q})_{\mathrm{tors}} \cong \begin{cases} \mathbf{Z}/n\mathbf{Z}, 1 \leqslant n \leqslant 10, \text{ 或 } n = 12, \\ \mathbf{Z}/2m\mathbf{Z} \times \mathbf{Z}/2\mathbf{Z}, 1 \leqslant m \leqslant 4. \end{cases}$$

即 $E(\mathbf{Q})_{\mathrm{tors}}$ 最多只有 15 个点, 再加上一个无穷远点 $\mathcal{O}_E$(总共最多 16 个点).

(3)(Siegel, 1926)$E(\mathbf{Q})$ 中最多只有有限多个整数点. [有限集 $E(\mathbf{Q})_{\mathrm{tors}}$ 中的点显然都是整数点, 无限集 $\mathbf{Z}^r$ 中的点也可以是整数点, 也可以是非整数的有理点, 但是所有这些整数点都是有限的.]

这也就是说, 对于有限子群 $E(\mathbf{Q})_{\mathrm{tors}}$, 人们对其已经掌握的非常透彻了. 但是对于无限子群 $\mathbf{Z}^r$, 人们的了解则非常有限,尤其对于 $r(E)$,一是我们没有一个确定 $r(E)$ 的算法,二是对于某一 E,我们不知其 $r(E)$ 之值的规律,即不知道它到底应该是多大.有人根据现有的资料猜测:大约二分之一的椭圆曲线为秩零曲线(其秩为零),大约二分之一的椭圆曲线为秩一曲线(其秩为一),但确实又有很多曲线之秩远大于 1. 比如对于椭圆曲线

$$E:y^2+xy=x^3-26175960092705884096311701787701203903556438969515x+51069381476131486489742177100373772089779103253890567848326775119094885041,$$

我们知道 $r(E)=18$,又比如对于椭圆曲线

$$E:y^2+xy+y=x^3-2006776241552658503320820933854275093023031217895650 2x+34481611795030556467032985690390720374855944359319180361266008296291939448723343429,$$

我们只知道其 $r(E)\geqslant28$,至于它究竟是多少,目前不得而知.因此有人猜测椭圆曲线的秩可以任意大.有关椭圆曲线点群之秩的研究,是当前数论与算术代数几何中一个极为重要的研究方向,我们将在第四章介绍的 Birch 和 Swinnerton-Dyer 猜想,就是一个与此有关的重要研究问题.

思考与科研题三

(1)思考题

(a)给定椭圆曲线 $E\backslash\mathbf{Q}: y^2 = x^3 - 432$，计算出 $E(\mathbf{Q})_{tors}$ 中的所有点.

(b)证明椭圆曲线 $E\backslash\mathbf{Q}: y^2 = x^3 - 2$ 没有非平凡（除 $\mathcal{O}_E$ 外）的挠点.

(c)令 E 为实数集合 $\mathbf{R}$ 上的椭圆曲线，证明 $E(\mathbf{R})$ 不是一个有限生成的交换群.

(d)令 p 为如下 204 位的质数：

10000000000000000000000000000000000000000000000000000000
00000000000000000000000000000000000000000000000000000000
00000000000000000000000000000000000000000000000000000000
000000000000513.

假定有限域 $\mathbf{F}_p$ 上的椭圆曲线 $E\backslash\mathbf{F}_p$ 由方程 $y^2 = x^3 + 105x + 78153$ 给定. 计算 $|E(\mathbf{F}_p)|$，即算出 $E\backslash\mathbf{F}_p$ 上点的数目.

(2)科研题

(a)大量数值计算表明，大约 50% 的椭圆曲线 $E(\mathbf{Q})$ 之秩为 1. 同样，大约 50% 的椭圆曲线 $E(\mathbf{Q})$ 之秩为 0. 证明或反驳：$E(\mathbf{Q})$ 之秩 r 可以是任意大的正整数.

(b)假定 $\mathrm{rank}(E(\mathbf{Q})) = 1$. 是否存在一种计算 $E(\mathbf{Q})$ 中有理点的算法？如果存在，设计出（找出）这种算法.

(c)人们只知道如下椭圆曲线 E 的秩 $r(E(\mathbf{Q})) \geqslant 19$，但不知道其具体数值.

$$y^2 + xy + y = x^3 - x^2 - 20637587012466626370773726978x + 3283864779330613307510374708583380911 4881.$$

确定 $r(E(\mathbf{Q}))$ 的具体值.

(d)构造（找出）一条其秩 $r(E(\mathbf{Q})) = 100$ 的椭圆曲线 E.

四　BSD 猜想

BSD 是英国牛津大学教授布莱恩·伯奇（Bryan Birch,1931 年出生,1958 年剑桥大学博士毕业,图 12 前左）和剑桥大学教授彼得·斯温纳顿-戴尔（Peter Swinnerton-Dyer,1927—2018,1954 年剑桥大学博士毕业,图 12 前右）的简称,而 BSD 猜想,则是指由伯奇和斯温纳顿-戴尔在 20 世纪 60 年代初期提出的一个关于椭圆曲线有理点的性质和分布的猜测,其基本思想是要确定椭圆曲线的秩,或者说要确定椭圆曲线何时有非零解,也就是说要确定椭圆曲线有理点集 $E(\mathbf{Q})$ 的大小. 前章提到,Mordell 定理告诉我们椭圆曲线有理点集 $E(\mathbf{Q})$ 可以有限生成,但它并没有告诉我们如何生成,即 Mordell 定理只是一个存在性定理而非构造性定理,而 BSD 猜想就是要具体告诉（当然未被证明）我们有关椭圆曲线点集 $E(\mathbf{Q})$ 的大小的信息,具体而言就是说要告诉我们在什么情况下椭圆曲线 $E \backslash \mathbf{Q}$ 有无穷多个有理解,而在什么情况下椭圆曲线 $E \backslash \mathbf{Q}$ 只有有限多个有理解.

图 12　伯奇和斯温纳顿-戴尔

为了弄清 BSD 猜想,我们需要先来研究一下黎曼 $\zeta(s)$ 函数.1859 年,德国数学家黎曼(1826—1866)为了研究质数的分布规律,在欧拉的基础上系统研究了如下的 ζ 函数(欧拉只在实数域上考虑 ζ 函数,而黎曼的贡献则是将其推广到复数域上,从而开辟了应用复变函数理论来研究质数分布之先河):

$$\zeta(s) = \sum_{n=1}^{\infty} n^{-s} = \prod_{p} (1 - p^{-s})^{-1},$$

其中 $s = \sigma + it$ 为复数[人们常将 σ 记作 $\mathrm{Re}(s)$, t 记作 $\mathrm{Im}(s)$,而 $\mathrm{i} = \sqrt{-1}$],乘积中的 p 过所有质数. 显然,对于 $\sigma > 1$,该级数绝对收敛.黎曼证明了: $\zeta(s)$ 函数可以解析开拓到整个

复平面(越过 $\sigma=1$)上,使其成为一个亚纯函数(图 13 的左图),并且满足一个函数方程:

$$\xi(s) := \pi^{-s/2} \Gamma(s/2) \zeta(s) = \xi(1-s),$$

其中 Γ 为熟知的 Γ 函数:

$$\Gamma(s) = \int_0^\infty \frac{t^{s-1}}{e^t} dt.$$

当 n 为整数时,$\Gamma(n) = (n-1)!$　显然,除在极点 $s=0,1$ 处外,$\xi(s)$ 为整函数.注意,$\zeta(s)$ 函数在整个复平面上的零点只有两种情况(图 13 的右图):

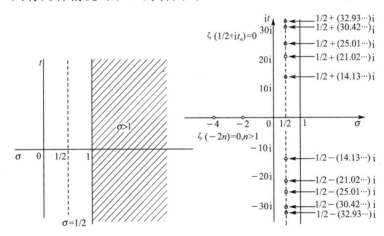

图 13　黎曼 ζ 函数及其零点分布示意图

(1)实零点:当 $n=1,2,3,\cdots$ 时,$\zeta(-2n)=0$;

(2)复零点:当 $0 \leqslant \sigma \leqslant 1$ 时,$\zeta(\sigma+it)=0$.

黎曼在计算了前五个复零点(图 13 的右图,并注意复数的共轭性)后便猜测:

猜想 4.1(黎曼假设)

$$\zeta\left(\frac{1}{2}+\mathrm{i}t\right)=0.$$

这就是著名的"黎曼假设",为七个"千禧难题"之一,奖金为一百万美元.

从另一个角度看,黎曼 ζ 函数实际上可以认为是狄利克雷(Dirichlet,1805—1859)之 L 函数(级数)$L(s,\chi)$ 的一个特例.注意,虽然狄利克雷提出 L 函数的时间要比黎曼研究 ζ 函数早,也尽管 L 函数比 ζ 函数更广泛,但狄利克雷只是在实数域上考虑 L 函数,因此和 ζ 函数一样,L 函数也可推广到复数域上:

$$L(s,\chi)=\sum_{n=1}^{\infty}\chi(n)n^{-s}=\prod_{p}(1-\chi(p)p^{-s})^{-1},\quad(34)$$

其中,$s=\sigma+\mathrm{i}t,\sigma>1,\chi(n)$ 为模 m 之狄利克雷特征,

$$\chi(n)=\begin{cases}\chi(n\bmod m),&\text{如果 }\gcd(n,m)=1,\\0,&\text{如果 }\gcd(n,m)>1.\end{cases}$$

并且也满足一个函数方程:

$$\xi(s,\chi):=\pi^{s/2}\Gamma\left(\frac{s+a_\chi}{2}\right)L(s,\chi)=q^{s-1/2}\varepsilon_\chi\xi(1-s,\bar{\chi}),$$

其中,$\varepsilon_\chi=\pm1,\bar{\chi}$ 为 χ 之共轭虚数.狄利克雷 L 函数也和黎曼 ζ 函数一样,可以解析开拓到整个复平面上.同时,狄利克雷 L 函数也有类似于黎曼 ζ 函数那样的假设,即基于 L

函数的"广义黎曼假设":

猜想 4.2(广义黎曼假设)

$$L\left(\frac{1}{2}+\mathrm{i}t,\chi\right)=0.$$

有了黎曼 ζ 函数和狄利克雷 L 函数这些预备知识之后,我们就可以来讨论椭圆曲线的 L 函数(所谓的 Hasse-Weil L 函数),并进而讨论 BSD 猜测.

将有限域 $\mathbf{F}_p$ 上椭圆曲线 E_n 的点的数目,$|E_n(\mathbf{F}_p)|$,记为 N_p,再仿照质数的计数(分布)公式 $\pi(X)$,则可得一 $E_n(\mathbf{F}_p)$ 的密度(分布)函数:

$$\pi_{E_n}(X)=\prod_{p\leqslant X,\,p\nmid\Delta(E)}\frac{N_p}{p}. \tag{35}$$

这样,我们就可以通过不断变换 X 的值,来计算椭圆曲线 E_n 的 $\pi_{E_n}(X)$ 的值,从而找出其变化规律,这就是伯奇和斯温纳顿-戴尔最原始的想法.

剑桥大学的数学系(全名为纯粹数学与数理统计系)于 1937 年就建立了数学实验室(mathematical laboratory),1970 年改称为计算机实验室(computer laboratory),并独立于数学系,是剑桥大学计算机科学研究与教学的系级单位.第二次世界大战期间,该实验室在莫里斯·威尔克斯(Maurice Wilkes,1913—2010,1967 年图灵奖得主)领导下迅速发展成世界上最强大的计算机科学和科技计算中心之一,并于 1949 年 5 月 6 日研制出了世界上第一台实用性的程序存储电子计算机 EDSAC(electronic delay storage automatic calculator),1958 年又更新换代为 EDSAC2,该机一直到 1976 年才"退役",被其他更新的机器所替代.图 14 中的左图为 1949 年威尔克斯站立在 EDSAC 的主机柜旁的照片,图 14 中的右图为 1999 年 4 月 15 日威尔克斯在剑桥举行的 EDSAC 50 周年纪念会上的照片.从 EDSAC 诞生之日起,威尔克斯之后的两任继任者罗杰·尼达姆(Roger Needham,曾任剑桥大学校长和微软剑桥研究院第一任院长)和罗宾·米尔纳(Robin Milner,1991 年图灵奖得主)都已过世了,但剑桥计算机实验室的雄风仍未减.

图 14 威尔克斯

从 1958 年开始,伯奇便和斯温纳顿-戴尔密切合作(当时斯温纳顿-戴尔在数学实验室有一个稳定的工作和固定的办公室;而伯奇则是一个刚毕业的博士生,时常去数学实验室找他的老师辈的斯温纳顿-戴尔讨论问题,因为斯温纳顿-戴尔曾帮助伯奇审阅过他的毕业论文,也因为伯奇当时的女朋友在数学实验室工作),他们利用当时剑桥(也是世界上)最先进的 EDSAC 计算机,分析计算椭圆曲线点的密度函数 $\pi_E(X)$ 的变化规律. 从大量的计算实践中,他们发现:如果 $E(\mathbf{Q})$ 有无穷多个有理点的话,则当 p 不断增大时,

$$\prod_p \frac{N_p}{p}$$ 也会越来越大. 反之,如果 $E(\mathbf{Q})$ 只有有限多个有

理点的话,则当 p 不断增大时,$\prod_p \dfrac{N_p}{p}$ 之值并不会随之

增大,而是基本上保持在同一个水平上. 比如对于椭圆曲线

$$E_n : y^2 = x^3 - n^2 x,$$

他们计算了在

$$\begin{cases} n = \{1, 5, 34, 1254, 29274\}, \\ r(E_n) = \{0, 1, 2, 3, 4\}, \\ X = 1.5 \times 10^7 \end{cases}$$

时 $\pi_{E_n}(X)$ 之值,从而得到一幅反映椭圆曲线 E_n 之点的密度函数的示意图[图 15,其横轴表示 $\log \log(X)$ 之值,纵轴表示 $\log(\pi_{E_n}(X))$ 之值].

在图 15 中,由于 $r(E_1(\mathbf{Q})) = 0$,这说明 $E_1(\mathbf{Q})$ 只有有限个有理点(事实上它只有四个平凡的有理点 $E_1(\mathbf{Q}) =$

$\{(0,0),(1,0),(-1,0),\mathscr{O}_E\}$），因此当 p 不断增大时，$\prod_p \dfrac{N_p}{p}$ 之值并不会随之增加，而是基本上保持在一条水平线上（这就说明 1 不是同余数）．反之，对于椭圆曲线 $E_n: y^2 = x^3 - n^2 x$，其中 $n = 5, 34, 1254, 29272$，随着 p 的不断增大，$\prod_p \dfrac{N_p}{p}$ 之值也会不断增大，并且 E_n 上的点越多，$\prod_p \dfrac{N_p}{p}$ 之值增加得就越快（这就说明 $5, 34, 1254, 29272$ 都是同余数）．因此，他们猜测：当 $X \to \infty$ 时，

$$\pi_E(X) \sim c(\log(X))^r,$$

其中，c 为一依赖于 E 之常数，$r = r(E(\mathbf{Q}))$ 为 $E(\mathbf{Q})$ 之秩．

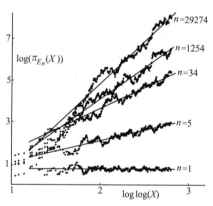

图 15 椭圆曲线有理点的密度示意图

为了能更好、更准确地分析计算和刻画椭圆曲线有理点集 $E(\mathbf{Q})$ 的分布规律，在英国著名数学家哈罗德·达文波特（Harold Davenport，1907—1969）的建议和帮助下，伯

奇和斯温纳顿-戴尔没有用 $\pi_E(X)$ 而是改用 $L(E, s)$（椭圆曲线 E 的 L 函数）来陈述他们的猜测. 令

$$a_p = p + 1 - N_p, \tag{36}$$

则椭圆曲线 E 的 L 函数 $L(E, s)$, 可以定义如下

$$L(E, s) = \sum_{n=1}^{\infty} a_n n^{-s} = \prod_{p \nmid 2\Delta(E)} (1 - a_p p^{-s} + p^{1-2s})^{-1} \prod_{p \mid 2\Delta(E)} (1 - a_p p^{-s})^{-1}, \tag{37}$$

其中, p 过所有质数（注：此处我们可以忽略 $p \mid 2\Delta(E)$ 之乘积因子）, a_n 的定义如下

$$a_n = \begin{cases} 1, & \text{如果 } n = 1, \\ p - N_p, & \text{如果 } n = p, p \text{ 为质数}, \\ a_p a_{p^{r-1}} - p a_{p^{r-1}}, & \text{如果 } n = p^r \text{ 为质数幂}, \\ \prod_{i=1}^{k} a_{p_i^{\alpha_i}}, & \text{如果 } n = \prod_{i=1}^{k} p_i^{\alpha_i}. \end{cases} \tag{38}$$

该函数一般被称为椭圆曲线 E 的 Hasse-Weil L 函数（图 16），以纪念德国数学家哈塞（H. Hasse, 1898—1979）和法裔美国数学家韦伊（A. Weil, 1906—1998）的工作. 由于 $|a_p| \leqslant 2\sqrt{p}$, 所以 $L(E, s)$ 在 $\sigma > 3/2$ 时是绝对收敛的, 因此在半平面 $\sigma > 3/2$ 中, $L(E, s)$ 是一个整函数, 它可以解析开拓到整个复平面上. 对于这个 $L(E, s)$ 函数, 其垂直线 $\sigma = 1$ 有和 ζ 函数以及 L 函数之垂直线 $\sigma = 1/2$ 类似的情形. 当然, 我们相信 $L(E, s)$ 在 $\sigma > 0$ 的半平面上的所有零点都

应该只在 $\sigma=1$ 这条垂直线上. 最为吸引人和最激动人心的是伯奇和斯温纳顿-戴尔通过大量计算, 还发现了许多原来根本就没有意想到的现象, 这样就导出了 Birch 和 Swinnerton-Dyer 猜想.

首先注意到, $L(E,s)$ 也有一个联系着 $L(E,s)$ 和 $L(E,2-s)$ 的函数方程:

$$\Lambda(s) := N^{s/2}(2\pi)^{-s}\Gamma(s)L(E,s) = \varepsilon_E\Lambda(2-s), \quad (39)$$

其中 N 为某一依赖于 E 的正整数, $\varepsilon_E=\pm 1$. 若令 $s=1$, 则 $L(E,s)$ 可写成

$$L(E(,1) = \prod_p \left(\frac{N_p}{p}\right)^{-1} = \prod_p \frac{p}{N_p}. \quad (40)$$

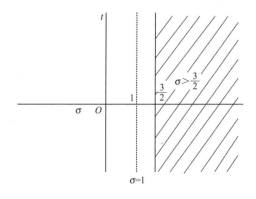

图 16 Hasse-Weil L 函数示意图

这个公式告诉我们一个重要信息: 当 N_p 很大时, $L(E,1)=0$. 如果 $L(E,1)\neq 0$, N_p 就会很小. 比如对于 E:

$$y^2 = x^3 - x,$$

$$L(E, 1) = 0.65551438857202995\cdots \neq 0.$$

所以 $E(\mathbf{Q})$ 只能是有限的.这样,就得到一个 $E(\mathbf{Q})$ 的基于 $L(E, s)$ 函数的定量的、猜测性的重要结果(因为还证明不了,所以只能称作猜想):

猜想 4.3(BSD 猜想)

$$L(E, 1) \begin{cases} =0, & E(\mathbf{Q}) = \infty \implies r \geq 1, \\ \neq 0, & E(\mathbf{Q}) \neq \infty \implies r = 0. \end{cases} \tag{41}$$

更一般地,

$$\text{order}_{s=1} L(E, s) = \text{rank } E(\mathbf{Q}). \tag{42}$$

这就是驰名于世的"Birch 和 Swinnerton-Dyer 猜想". 它实际上就是说:椭圆曲线 E 的 L 函数 $L(E, s)$ 在 $s = 1$ 处为零的阶(Order)等于 E 的有理点群 $E(\mathbf{Q})$ 的秩(Rank).

另外,BSD 猜测还可写成如下之改进的形式,即

猜想 4.4(BSD 猜想) $\quad L(E, s)$ 在 $s = 1$ 处有泰勒(Taylor)展开式

$$L(E, s) = c(s-1)^r + 高阶项, \tag{43}$$

其中 c 为一非零常数,r 为 $E(\mathbf{Q})$ 之秩.

时至今日,人们只是验证了 BSD 猜测在 $r \leq 1$ 时的一些特殊情况,比如 1977 年怀尔斯(图 17 的左图)和他的博士导师约翰·科茨[John Coates,1945—2022,图 17 的右图,澳大利亚人,剑桥大学教授,曾任剑桥数学系主任.1969

年博士毕业于剑桥大学,其导师为菲尔兹奖得主艾伦·贝克(Alan Baker,1939—2018)]验证了如下结果:

图 17　怀尔斯和科茨

定理 4.1(Coates-Wiles)　　如果

$$L(E,1)\neq 0,$$

则　　　　　　　　$\mathrm{rank}(E(\mathbf{Q}))=0.$

在 1986—1989 年,美国哈佛大学教授贝内迪克特·格罗斯[Benedict Gross,图 18 的左图,1987 年哈佛大学博士毕业,导师为著名数论专家约翰·泰特(1925—2019)],德国马克斯-普朗克数学研究所教授唐·查吉尔(Don Zagier,图 18 的中图,请参见第二章中对查吉尔的介绍)和俄罗斯著名数学家维克托·科利瓦金(Victor Kolyvagin,图 18 的右图,莫斯科国立大学博士毕业,导师为俄罗斯著名数论专家尤里·伊万诺维奇·马宁(Yuri Ivanovich Manin,1927—2023)进一步得到的如下结果:

图 18　格罗斯,查吉尔和科利瓦金

定理 4.2(Groos-Zagier-Kolyvagin)　如果

$$\text{order}_{s=1}L(E,s) \leqslant 1,$$

则　　　　　　$\text{order}_{s=1}L(E,s) = \text{rank } E(\mathbf{Q}).$

这也就是说,

$$\text{order}_{s=1}L(E,s) = 0 \implies \text{rank } E(\mathbf{Q}) = 0,$$

$$\text{order}_{s=1}L(E,s) = 1 \implies \text{rank } E(\mathbf{Q}) = 1.$$

比如对于 $E: y^2 = x^3 - x$,在前面我们已经知道,

$$L(E,1) = 0.65551438857202995\cdots \neq 0.$$

因此,$\text{order}_{s=1}L(E,s) = 0$,所以 $\text{rank } E(\mathbf{Q}) = 0$.但对于其一般的情况,即当 $\text{order}_{s=1}L(E,s) \geqslant 2$ 时,BSD 猜测至今仍然悬而未决,即

$$\text{order}_{s=1}L(E,s) > 1 \implies \text{rank } E(\mathbf{Q}) = ?$$

由于有理域上的所有椭圆曲线都是"模曲线"(谷山丰、志村五郎,韦伊在 1950—1960 年猜测,最终由布勒伊(Breuil)、康拉德(Conrad)、戴蒙德(Diamond)、泰勒等人于 2001 年在怀尔斯工作的基础上证明;详情请参见第五章),

故据此我们可得一更深刻的结果：

定理 4.3 如果

$$L(E,s) \sim c(s-1)^m,$$

其中 $c \neq 0$ 且 $m=0$ 或 $m=1$，则 BSD 猜想成立.

最后让我们再反过头来看看 BSD 猜想和同余数问题的关系. 令 E_n 为定义相应同余数 n 的椭圆曲线 E

$$E_n : y^2 = x^3 - n^2 x.$$

则我们有：

定理 4.4(Tunnell, 1983) 假定 n 为一奇非平方正整数. 则 $L(E_n, 1) = 0$ 当且仅当

$$|\{(a,b,c) : 2a^2 + b^2 + 8c^2 = n\}|$$
$$= 2|\{(a,b,c) : 2a^2 + b^2 + 32c^2 = n\}|.$$

进而，我们有：

推论 4.1 如果

$$|\{(a,b,c) : 2a^2 + b^2 + 8c^2 = n\}|$$
$$\neq 2|\{(a,b,c) : 2a^2 + b^2 + 32c^2 = n\}|,$$

则 n 不是同余数，否则，根据 BSD 猜想，n 为同余数.

再换一个角度，考虑以 T 为变量的形式幂级数：

$$g(T) = T \prod_{n=1}^{\infty} (1 - T^{8n})(1 - T^{16n}),$$

$$\theta_k(T) = 1 + 2 \sum_{n=1}^{\infty} T^{2kn^2} \quad (k = 1, 2).$$

将这两个形式幂级数相乘，便得

$$g(T)\theta_1(T) = \sum_{n=1}^{\infty} a(n)T^n,$$

$$g(T)\theta_2(T) = \sum_{n=1}^{\infty} b(n)T^n.$$

而这实际上就定义了两个整数序列 $a(n)$ 和 $b(n)$. 比如,对于 $\leqslant 20$ 的所有奇非平方正整数 n,通过计算可得

$$a(1) = 1, \qquad b(1) = 1,$$
$$a(3) = 2, \qquad b(3) = 0,$$
$$a(5) = 0, \qquad b(5) = 2,$$
$$a(7) = 0, \qquad b(7) = 0,$$
$$a(11) = -2, \qquad b(11) = 0,$$
$$a(13) = 0, \qquad b(13) = -2,$$
$$a(15) = 0, \qquad b(15) = 0,$$
$$a(17) = -4, \qquad b(17) = 0,$$
$$a(19) = -2, \qquad b(19) = 0.$$

通过观察这两个非常"简单"的序列,却可以得到一个非常"深刻"的猜想:

猜想 4.5(Birch-Swinnerton-Dyer-Tunnell)　假定 n 为一奇非平方正整数. 则

(1) n 为同余数当且仅当 $a(n) = 0$,

(2) $2n$ 为同余数当且仅当 $b(n) = 0$.

很有意思的是,早在 1977 年科茨和怀尔斯就证明了其中的一种特殊情况(当然也仅仅是一种特殊情况,因为其一

般情况就是在今天也是不知道的):

定理 4.5（Coates-Wiles） 假定 n 为一奇非平方正整数.

(1)如果 $a(n)\neq0$,则 n 不是同余数,

(2)如果 $b(n)\neq0$,则 $2n$ 不是同余数.

BSD 猜想是现代数论和算术代数几何中一个很重要的"结果". 一旦 BSD 猜想被解决,一大批与之相关的问题都将迎刃而解. 但是很遗憾的是,尽管 BSD 猜想非常优美漂亮,但它只是一个未被证实的猜测性的结果. 因此,数学家们自然想弄清楚这个猜想到底是对的还是错的. 这正是:

> 关于椭圆曲线有理点的分布,
>
> Birch 和 Swinnerton-Dyer 有一个猜想.
>
> 谁要是能证明或推翻这个猜想,
>
> 谁就能获得一百万美元的大奖.
>
> 当然科研不是为了获奖,
>
> 弄清问题的实质才是我们的理想.

思考与科研题四

(1)思考题

证明:

(a)n 为同余数当且仅当 $s=1$,$L(E_n,s)=0$.

(b)如果 n 为奇同余数,则

$$|\{(a,b,c):2a^2+b^2+32c^2=n\}|=\frac{1}{2}|\{(a,b,c):2a^2+b^2+8c^2=n\}|.$$

（c）如果 n 为偶同余数,则

$$\left|\left\{(a,b,c):4a^2+b^2+32c^2=\frac{n}{2}\right\}\right|$$
$$=\frac{1}{2}\left|\left\{(a,b,c):4a^2+b^2+8c^2=\frac{n}{2}\right\}\right|.$$

（d）给定椭圆曲线 $E\backslash\mathbf{Q}:y^2=x^3-x$. 计算 $L(E,1)$,从而确定 $E(\mathbf{Q})$ 的有限性或无穷性.

（2）科研题

（a）黎曼假设（七个"千禧难题"之一）. 证明或反驳：

$$\zeta\left(\frac{1}{2}+\mathrm{i}t\right)=0,$$

即黎曼 ζ 函数的所有复零点都在 $\sigma=\frac{1}{2}$ 这条垂直线上.

（b）BSD 猜想（七个"千禧难题"之一）.

（i）弱 Birch 和 Swinnerton-Dyer 猜想：证明或反驳 $E(\mathbf{Q})$ 为一无穷集当且仅当 $s=1$ 时,$L(E,s)=0$.

（ii）BSD 猜想的第一种形式：证明或反驳 $L(E,s)$ 在 $s=1$ 处为零的阶（Order）等于 E 的有理点群 $E(\mathbf{Q})$ 的秩（Rank）,即

$$\mathrm{order}_{s=1}L(E,s)=\mathrm{rank}\ E(\mathbf{Q}).$$

（iii）BSD 猜想的第二种形式：证明或反驳 $L(E,s)$ 在 $s=1$ 处有 Taylor 展开式：

$$L(E,s)=c(s-1)^r+高阶项,$$

其中 c 为一非零常数,r 为 $E(\mathbf{Q})$ 之秩.

（c）Birch-Swinnerton-Dyer-Tunnell 猜想. 证明或反驳

（i）n 为同余数当且仅当 $a(n)=0$;

（ii）$2n$ 为同余数当且仅当 $b(n)=0$,

其中 n 为奇非平方正整数.

五　费马定理

在本书第一章里我们就提到费马（大）定理，并且特别提到费马曾声称他"找到了这个定理的一个极其漂亮的证明，可惜由于其页边空白处太小以致写不下他的证明". 费马（图19）的这个"声称"很有意思，因为它所声称的证明并没有写出来. 因此，它可能存在，也可能不存在；即便存在，也可能不正确. 在本章里，我们将介绍如何应用椭圆曲线理论来证明这个定理；这个工作是由怀尔斯做出来的，是在费马提出这个问题之后350多年来的第一个完整的、正确的证明，也是20世纪国际数学界的一项重大科研成果.

图 19　费马

考虑 $\mathbf{F}_p$ 上的椭圆曲线 E：

$$y^2 \equiv x^3 - 4x + 16 \pmod{p}.$$

我们可得

p	2	3	5	7	11	13	17	19	23
N_p	2	4	4	9	10	9	19	19	24
a_p	0	-1	1	-2	1	4	-2	0	-1

其中，N_p 表示 $E(\mathbf{F}_p)$ 中点的数目，$a_p = p - N_p$. 现在我们来考察如下无穷乘积：

$$\Theta = T \sum_{n=1}^{\infty} (1-T^n)^2 (1-T^{11n})^2$$

$$= T((1-T)(1-T)^{11})^2 ((1-T^2)(1-T^{22}))^2 ((1-$$

$$T^3)(1-T)^{33})^2 ((1-T^4)(1-T)^{44})^2 ((1-T^5)(1$$

$$-T)^{55})^2 ((1-T^6)(1-T)^{66})^2 \cdots.$$

如果将前面的因式相乘时，我们就会发现，该乘积的前些项并不会因为后面增加更多的因式而有所改变. 比如，如果我们将 Θ 的前若干因式相乘，便可得到如下之求和形式：

$$\Theta = T - 2T^2 - T^3 + 2T^4 + T^5 + 2T^6 - 2T^7 - 2T^9 -$$

$$2T^{10} + T^{11} - 2T^{12} + 4T^{13} + 4T^{14} - T^{15} -$$

$$4T^{16} - 2T^{17} + 4T^{18} + 2T^{20} + 2T^{21} - 2T^{22} - T^{23} -$$

$$4T^{25} - 8T^{26} + 5T^{27} - 4T^{28} + 2T^{30} + 7T^{31} + \cdots +$$

$$3T^{37} + \cdots - 8T^{41} + \cdots + 18T^{10007} + \cdots.$$

该求和公式前面的项并不会因为我们将 Θ 乘积公式中更多的因式相乘而有所改变. 这也就是说, 该公式中的前些项是"稳定的". 如果我们将上述椭圆曲线 E 的 a_p 之值和乘积 Θ 的"和表达式"比较一下, 不难发现, 其 T^p 的系数等于 a_p 的值 (a_2 除外), 并且这种"模式"适合于所有的质数 p.

从复变函数论的观点看, 我们可将 Θ 看作 T 的函数, 并置 $f(z) = \Theta(\mathrm{e}^{2\pi\mathrm{i}z})$, 则存在 $N \geqslant 1$ 使之如果 A, B, C, D 为满足 $AD - BCN = 1$ 的任意整数, 则对任意复数 $z = x + \mathrm{i}y$, $y > 0$, 函数 $f(z)$ 满足如下条件:

$$f\left(\frac{Az+B}{CNz+D}\right) = (CNz+D)^2 f(z).$$

这样我们便可得

定理 5.1(椭圆曲线 $y^2 = x^3 - 4x + 16$ 的模定理) 考虑椭圆曲线

$$E: y^2 = x^3 - 4x + 16.$$

令 Θ 为如下乘积:

$$\Theta = T((1-T)(1-T)^{11})^2((1-T^2)(1-T)^{22})^2((1-T^3)(1-T)^{33})^2((1-T^4)(1-T)^{44})^2\cdots.$$

将 Θ 的各因式相乘, 并将其写成如下的求和形式:

$$\Theta = c_1 T + c_2 T^2 + c_3 T^3 + c_4 T^4 + \cdots.$$

则对每一个质数 $p \geqslant 3$, 均有 $a_p = c_p$.

日本数学家谷山丰(Yutaka Taniyama,1927—1958,
图 20 的左图)最初在 20 世纪 50 年代注意到椭圆曲线的模
特征,并提出有理域上的椭圆曲线都是模曲线(modular
curve)的初步猜测.20 世纪 60 年代,谷山丰的好朋友和合
作者,同为日本数学家的志村五郎(Goro Shimura,1930—
2019,图 20 的中图,普林斯顿大学教授)进一步将谷山丰的
猜测加以完善,而法裔数学家韦伊(André Weil,1906—
1998,图 20 的右图,普林斯顿大学教授)则因证明了该猜测
的一个逆定理而使该猜测广为人知(目前人们一般将此猜
测称作 Taniyama-Shimura-Weil 猜想,或简称为 TSW 猜
想).

图 20 谷山丰、志村五郎和韦伊

猜想 5. 1(Taniyama-Shimura-Weil,1950—1960) 有
理域上的所有椭圆曲线 $E\backslash \mathbf{Q}$ 都是模曲线.

具体讲就是,令 $y^2 = x^3 + ax + b$ 为有理域 $\mathbf{Q}$ 上的椭圆
曲线 $E\backslash \mathbf{Q}$,置 a_n 为式(38)所定义的值(详见第四章),则

$$f(z) = \sum_{n=1}^{\infty} a_n e^{2\pi i n z} \qquad (44)$$

为模形式.

这么一个表面上看起来孤零零的未被证实的猜想(当然现在已被证实),一开始谁也没有想到它会与费马大定理有联系.让我们先来回顾一下费马大定理(猜想).

猜想 5.2(费马,1630) 当 $n>2, xyz \neq 0$ 时,不定方程(称为费马方程)$a^n + b^n = c^n$ 没有正整数解.

对于费马方程,如果 $n = pm$, p 为质数,则 $(a^m)^p + (b^m)^p = (c^m)^p$.这就是说,我们仅需考虑指数为质数的费马方程

$$a^p + b^p = c^p \qquad (45)$$

就足够,其中 $p \geqslant 3$, $\gcd(a, b, c) = 1$, $abc \neq 0$.

1985 年,德国数学家格哈德·弗雷(Gerhard Frey,1944 年出生)(图 21)第一次创造性地指出:TSW 猜想与费马定理密切相关、紧密相连.更准确地讲就是,TSW 猜想隐含了费马

图 21 弗雷

定理:谁证明了 TSW 猜想,谁就证明了费马定理.由于在 20 世纪 80 年代以前人们关于费马定理的研究都只是基于

一些分解性的技巧,而弗雷的工作,则开创了利用椭圆曲线理论来研究费马定理之先河.具体来讲就是,如果前述的费马方程 $a^p+b^p=c^p$ 有非零的整数解的话(当然事实上是没有非零的整数解的,我们在此采用的是"反证法"),弗雷构造了一条椭圆曲线 $E_{a,b}$(现被称为 Frey 曲线):

$$E_{a,b}: y^2=x(x+a^p)(x-b^p), \qquad (46)$$

其判别式为

$$\Delta(E_{a,b})=a^{2p}b^{2p}(a^p+b^p)^2=(abc)^{2p}. \qquad (47)$$

弗雷最初猜测,随后法国著名数学大师让-皮埃尔·塞尔(Jean-Pierre Serre,1926 年出生,数学界三大奖菲尔兹奖、沃尔夫奖和阿贝尔奖得主)进一步将其精确化.

猜想 5.3(Frey,1985) 椭圆曲线 $E_{a,b}$ 不可能是模曲线.

椭圆曲线 $E_{a,b}$ 不可能是模曲线的原因,是因为其 a_p 之值不反映椭圆曲线所应有的模形式特性.Frey 曲线是一条异常玄乎的、虚拟的和离奇的"椭圆曲线",它不是模曲线是因为它根本就不存在,而其原因则是因为费马方程根本就没有非零的整数解.

1986 年美国加州大学伯克利分校教授肯·里贝(Ken Ribet,1973 年哈佛大学博士毕业)(图 22)证明了 Frey 的这个猜测.

定理 5.2(Ribet,1986)　如果 a^p $+b^p=c^p$ 且 $abc\neq0$, $p\geqslant3$, 则 Frey 曲线

$$E_{a,b}:y^2=x(x+a^p)(x-b^p)$$

不是模曲线.

在里贝工作的启发下, 怀尔斯用了大约七年的时间证明了:

定理 5.3(Wiles,1993)　如果 A 和 B 为整数, 则椭圆曲线

$$E:y^2=x(x+A)(x-B)$$

必为模曲线.

图 22　里贝

这样, 费马定理就"不证自明"了. 事实上, 怀尔斯是证明了"有理域上任一半稳定(semistable)椭圆曲线都是模曲线". 所谓半稳定椭圆曲线, 可以认为是满足 $\gcd(a,b)=1$ 的椭圆曲线 $y^2=x^3+ax+b$. 由于 Frey 曲线是半稳定椭圆曲线, 所以 Frey 曲线必为模曲线. 可是, 里贝的证明表明 Frey 曲线不可能是模曲线. 这样就导出矛盾, 而这种矛盾刚好就是我们所"梦寐以求"的, 因为它刚好就从反面"说明"了"费马猜想"的正确性. 这也就是说我们完成了从"费马猜想"到"费马定理"的证明和飞跃. 后来在怀尔斯工作的基础上, 布勒伊、康拉德、戴蒙德和泰勒四人(这四人中三人是怀尔斯昔日的博士生)进一步证明了"有理域上任一椭圆

曲线都是模曲线",从而完全证明了 TSW 猜想.这就更加
"说明"了"费马猜想"的正确性.注意,怀尔斯 1993 年关于
费马定理的证明(相应的论文发表于 1995 年)其实还存有
一个漏洞,不过该漏洞最终也于 1994 年(相应的论文发表
于 1995 年)由怀尔斯和他昔日的博士生泰勒填补和完善;
严格讲不是填补,而是绕过.填补是很困难的,绕过还是比
较容易的.所以怀尔斯还是很幸运的.总之,历经 350 多年
的艰辛,历经数代人的努力,费马"猜想"终于在怀尔斯的手
上成为一个"定理".这也验证了我们中国的一句古话:谁笑
到最后,谁笑得最好(图 23).

图 23　怀尔斯 1993 年在剑桥宣布他对费马定理证明的场面

下面我们给出费马定理证明的梗概,供有兴趣的读者
进一步考察和研究.

(1)令 $p \geqslant 3$ 为质数,假定 (a,b,c) 为不定方程

$$a^p + b^p = c^p$$

之一非零整数解,其中 $abc \neq 0$,$\gcd(a,b,c)=1$.

(2)弗雷(1985)指出:如果费马方程 $a^p + b^p = c^p$ 有非零整数解的话,则存在着椭圆曲线(称为 Frey 曲线):

$$E_{a,b} : y^2 = x(x+a^p)(x-b^p).$$

(3)里贝证明(1986):$E_{a,b}$ 不可能为模曲线.

(4)怀尔斯证明(1993—1994):$E_{a,b}$ 必为模曲线(因为 Frey 曲线是半稳定椭圆曲线,而有理域上的任何半稳定椭圆曲线均为模曲线.事实上有理域上任何椭圆曲线均为模曲线).

(5)上述矛盾导出:费马定理必定为真,也即不定方程 $a^p + b^p = c^p$ 不可能有非零的整数解(Frey 曲线 $E_{a,b}$ 根本就不存在).

作为本章的结束,我们再介绍椭圆曲线在"欧拉猜想"的研究中的一个有趣应用.

猜想 5.4(欧拉,1769)　不定方程

$$x_1^k + x_2^k + x_3^k + \cdots + x_{k-1}^k = x_k^k, k \geq 4$$

没有正整数解,其中 $x_1, x_2, \cdots, x_k$ 两两互质.

1986 年,诺姆·埃尔奇斯(Noam Elkies)(图 24)应用椭圆曲线理论证明了

$$x_1^4 + x_2^4 + x_3^4 = x_4^4$$

有无穷多组正整数解,并算出

$$(x_1, x_2, x_3, x_4) = (2682440, 15365639, 18796760, 20615673)$$

为其中的一组正整数解,即

$$2682440^4 + 15365639^4 + 18796760^4 = 20615673^4.$$

埃尔奇斯为当代一位杰出的数学家,1966 年出生在美国,不久就随父母移居以色列,后又返回美国,21 岁获得哈佛大学博士学位,其导师为著名数学家贝内迪克特·格罗斯(Benedict Gross)和巴里·梅热(Barry Mazur).埃尔奇斯 26 岁被哈佛大学聘为正教

图 24 埃尔奇斯

授,是当时哈佛大学历史上最年轻的正教授. 1988 年,弗雷则在埃尔奇斯的基础上又找到了

$$x_1^4 + x_2^4 + x_3^4 = x_4^4$$

的一组最小的正整数解,即

$$95800^4 + 217519^4 + 414560^4 = 422481^4.$$

对于 $k = 5$,人们则早在 1966 年就知道

$$27^5 + 84^5 + 110^5 + 133^5 = 144^5$$

是

$$x_1^5 + x_2^5 + x_3^5 + x_4^5 = x_5^5$$

的一组解.因此,欧拉猜想在 $k = 4, 5$ 时是不成立的,但对于 $k > 5$ 是否成立,目前仍不得而知.有兴趣又有基础的读者不妨试试看你能否找到如下不定方程

$$x_1^6 + x_2^6 + x_3^6 + x_4^6 + x_5^6 = x_6^6$$

的一组正整数解.

思考与科研题五

(1)思考题

(a)证明对于所有的直角三角形,均有

$$a^2 + b^2 = c^2$$

其中 a, b 为其两直角边, c 为斜边.

(b)证明 Taniyama-Shimura-Weil 猜想,即证明有理域上的所有椭圆曲线都是模曲线(请参见参考文献[3]).

(c)证明对于 100 以内的所有奇质数 p(37,59,67 除外),费马定理都成立,即 $x^p + y^p = z^p$ 都没有正整数解.

(d)证明如果 $x^2 + y^4 = z^4$ 没有正整数解,则 $x^4 + y^4 = z^4$ 也没有正整数解.

(e)对于椭圆曲线 $E: y^2 = 4x^3 - 4x - 1$,将下列等式(与 E 相应之模形式)的右边补齐到 T^{30} 这一项:

$$\Theta = T - 2T^2 - 3T^3 + 2T^4 - T^5 + 6T^6 - T^7 + 6T^9 + \cdots.$$

(2)科研题

(a)证明或反驳如下之 Andrew Beal 猜测.令正整数 $p, q, r > 2$,$\gcd(x, y, z) = 1$,则如下之不定方程没有正整数解:

$$x^p + y^q = z^r.$$

比如,对于如下之三元组 (x, y, z),其指数总有一个不大于 2,因此都不满足条件:

$$(2^5, 7^2, 3^4), (3^5, 11^4, 122^2), (43^8, 96222^3, 30042907^2).$$

[安德鲁·比尔(Andrew Beal)是美国著名银行家和业余数学爱好者.]

(b)求出

$$x_1^7 + x_2^7 + x_3^7 + x_4^7 + x_5^7 + x_6^7 = x_7^7$$

的一组正整数解(如果存在的话),其中 $\gcd(x_1, x_2, \cdots, x_7) = 1$.

(c)我们将成双成对出现的质数对($p,p+2$)称为孪生质数,比如(3,5),(5,7),(11,13),(17,19)就是前几对孪生质数.又比如 65516468355 · $2^{333333}\pm1$ 和 2003663613 · $2^{195000}\pm1$ 就是两对比较大的孪生质数.尽管欧几里得在两千年前就证明了质数有无穷多个,但我们至今仍不知道是否有无穷多对孪生质数.证明或反驳"孪生质数有无穷多对".(这是一个悬而未决两千多年的著名数学难题.)

(d)我们将形为

$$p,p+d,p+2d,\cdots,p+(n-1)d,$$

的等差数列称为质数等差数列,其中 p 为质数,$d>1$ 和 $n>2$ 为正整数.比如当 $p=5,d=6,n=5$ 时,我们得到一组质数等差数列 5,11,17,23,29. 2004 年 Ben Green 和陶哲轩证明:存在着任意长度的质数等差数列(n 可以任意大).为此,陶哲轩获得 2006 年的菲尔兹奖.如果我们将"质数等差数列"限制到"相邻质数等差数列"上(比如 $10^{10}+24493+30k,k=0,1,2,3,4,5$,就是含 6 个质数的相邻质数等差数列;在此等差数列的任何两个质数之间,都不会再有别的质数了,这就是相邻质数的概念),那么我们不知道是否有任意长度的相邻质数等差数列.证明或反驳"存在着任意长度的相邻质数等差数列".

(e)证明或反驳如下之 abc 猜想. 1985 年 Joseph Oesterlé 和 David Masser 猜测(现被广泛称为 abc 猜想或 Oesterlé-Masser 猜想):假定 $a,b,c\in\mathbf{Z}^+$,且 $\gcd(a,b,c)=1$,则 $a+b=c$.更形式一点,令 $\mathrm{Rad}(n)=p_1 p_2\cdots p_k$,如果 $n=p_1^{e_1} p_2^{e_2}\cdots p_k^{e_k}$,则对于任意 $\varepsilon>0$,存在着无穷多组满足 $\gcd(a,b,c)=1$ 和 $a+b=c$ 的正整数 (a,b,c),使之 $c>\mathrm{Rad}(abc)^{1+\varepsilon}$.

六 质性判定

2008 年 10 月 28 日美国《时报》($TIME$)评出当年世界 50 大发明,其中由美国加州大学洛杉机分校数学系以 Edison Smith 为首的研究小组于当年 8 月份发现的第 47 个梅森质数,$2^{43112609}-1$,被评为其中的第 29 项发明(图 25),并同时获得美国一家私营"电子前沿基金会"10 万美元的奖金(这项价值 10 万美元的奖金用于奖励世界

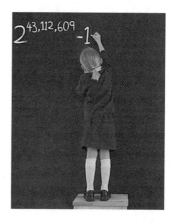

图 25　第 47 个梅森质数

上第一个发现一千万位的质数的个人或组织;第 47 个梅森质数有 12978189 个十进制位).所谓梅森质数,是指以法国数学家梅森(Marin Mersenne,1588—1648)的名字命名的,

形为 $2^p - 1$ 的质数，其中 p 为质数. 到目前为止，人们只知道在 p 等于如下之值时：

$2, 3, 5, 7, 13, 17, 19, 31, 61, 89, 107, 127, 521, 607, 1279,$
$2203, 2281, 3217, 4253, 4423, 9689, 9941, 11213, 19937,$
$21701, 23209, 44497, 86243, 110503, 132049, 216091,$
$756839, 859433, 1257787, 1398269, 2976221, 3021377,$
$6972593,\ 13466917,\ 20996011,\ 24036583,\ 25964951,$
$30402457, 32582657, 37156667, 42643801, 43112609,$

$2^p - 1$ 为质数. 这也就是说，到目前为止，人们只知道 47 个梅森质数，其中前四个梅森质数早在两千年前就知道了.

如所周知，质数是数论乃至整个数学中一个非常重要的概念，其理论十分曲折深刻. 我们先介绍与质数有关的一些基本概念和结果，之后再讨论椭圆曲线的质性判定方法.

定义 6.1　令 a, b 为整数，且不能同时为零. 如果某一个数既是 a 的约数又是 b 的约数，那么这个数就是 a 和 b 的公约数，而 a 和 b 之间最大的那个公约数就叫作 a 和 b 的最大公约数（greatest common divisor），记为 $\gcd(a, b)$. 同理，如果某一个数既是 a 的倍数又是 b 的倍数，那么这个数就是 a 和 b 的公倍数，而 a 和 b 之间最小的那个公倍数就叫作 a 和 b 的最小公倍数（least common multiple），记为 $\mathrm{lcm}(a, b)$. 如果 $\gcd(a, b) = 1$，那么我们称 a 和 b 互质或互素（relatively prime）.

最简单最直接求解 $\gcd(a,b)$ 的方法是先质因数分解 a 和 b（我们将在第七章介绍与质因数分解有关的问题）.

定理 6.1 如果

$$a = \prod_{i=1}^{k} p_i^{\alpha_i}, \quad b = \prod_{i=1}^{k} p_i^{\beta_i}$$

其中 $\alpha_i, \beta_i \geqslant 0$，则

$$\gcd(a,b) = \prod_{i=1}^{k} p_i^{\gamma_i}, \quad \mathrm{lcm}(a,b) = \prod_{i=1}^{k} p_i^{\delta_i}, \quad (48)$$

其中 $\gamma_i = \min(\alpha_i, \beta_i)$，$\delta_i = \max(\alpha_i, \beta_i)$，$i = 1, 2, \cdots, k$.

但是这种方法的致命缺点是要先进行质因数分解运算，而质因数分解运算在目前根本就没有快速的计算方法. 天无绝人之路. 最大公约数的求解其实可以非常快速地通过使用如下的、我国古代发明的辗转相除法（国外称作欧几里得算法）获得

$$\left.\begin{aligned}
a &= bq_0 + r_1, & 0 &< r_1 < b, \\
b &= r_1 q_1 + r_2, & 0 &< r_2 < r_1, \\
r_1 &= r_2 q_2 + r_3, & 0 &< r_3 < r_2, \\
r_2 &= r_3 q_3 + r_4, & 0 &< r_4 < r_3, \\
&\vdots & &\vdots \\
r_{n-2} &= r_{n-1} q_{n-1} + r_n, & 0 &< r_n < r_{n-1}, \\
r_{n-1} &= r_n q_n + 0.
\end{aligned}\right\} \quad (49)$$

这实际上就是反复使用我们中小学里学过的"长除法"，一直到出现零余数为止（这是肯定要出现的，并且一定能很快出现），而紧挨着零余数的上一个余数 r_n 就是所求之 $\gcd(a,b)$，即

$$\gcd(a,b)=r_n. \tag{50}$$

一旦获得 $\gcd(a,b)$，$\mathrm{lcm}(a,b)$ 便唾手可得，因为

$$\mathrm{lcm}(a,b)=\frac{ab}{\gcd(a,b)}. \tag{51}$$

定义 6.2 令 $n>1$ 为正整数. n 被称为质数（素数），如果对所有的 a，$1<a<n$，都恒有 $a\nmid n$. 否则，n 就是合数.（n 为梅森质数，如果 $n=2^p-1$ 为质数，其中 p 为质数.）

这也就是说，n 为质数，如果除了 1 和 n 之外，再也没有别的数能整除 n. 比如 3 是质数，因为除了 1 和 3 之外，再也没有别的数可以整除 3. 再比如 4 不是质数，因为除了 1 和 4 之外，2 也可以整除 4. 显然，任何一个大于 1 的正整数，它要么是质数，要么是合数，二者必居其一且仅居其一，因此，所谓的质性（数）判定（检验）问题（prinality testing problem，PTP），可以定义如下：

定义 6.3 令 $n>1$ 为正整数.

$$\mathrm{PTP}:=\begin{cases}输入:n,\\ 输出:\begin{cases}是,如果~n~为质数\\ 否,否则\end{cases}\end{cases} \tag{52}$$

质数在正整数中的分布是没有什么规律可循的，它就象是乱山岗上的杂草，东一根，西一根，找到上一根，并不知道下一根在何处. 比如目前我们知道 $2^{43112609}-1$ 是第 47 个梅森质数，但我们并不知道第 48 个梅森质数是什么. 素有

"数学王子"之誉的高斯曾经猜测,质数的分布满足下列定理:

定理 6.2(质数定理) 令 $\pi(x)$ 为到 x 为止的质数的个数. 则

$$\lim_{x \to \infty} \frac{\pi(x)}{x/\ln x} = 1, \tag{53}$$

其中 ln 为自然对数.

当然高斯本人并没有把它证明出来,并且在高斯之后的一百多年也没有人把它证明出来,以至于当时国际数学界惊呼:任何人,不管是谁,只要能证明出这个定理,就能长命百岁. 事情还真是如此. 世界上第一个分别且独立证明出这个定理的人是法国数学家雅克·阿达马(Jacques Hadamard,1865—1963)和比利时数学家瓦莱·普桑(Charles de la Vallée-Poussin,1866—1962);这两人都活到近 100 岁. 质数定理在数论中有很多的应用. 比如根据质数定理,随机选取一个正整数 n,其为质数之概率为 $\frac{1}{\ln n}$. 因此,如果我们要确定一个 100 位的质数,那么大概要检验 $\ln 10^{100} \approx 230$ 个随机的 100 位的正整数,当然如果我们仅选奇数,那么仅需大约检验 115 个随机数.

定理 6.3(质数判定) 令 $n > 1$ 为正整数. n 为质数当且仅当对所有的质数 p, $1 < p \leqslant \sqrt{n}$,恒有 $p \nmid n$. 这也就是说,如

果所有 $\leqslant \sqrt{n}$ 的质数都不能整除 n，那么 n 为质数.

根据这个定理，要判定 n 是不是质数，我们仅需用 n 去遍除 $\sqrt{n}$ 之前的所有质数. 这种测定质数的方法叫作"试除法". 显然，要测定 n 是不是质数，用试除法我们最多只须进行 $\sqrt{n}$ 这么多个的除法运算. 从计算复杂性的角度讲，该算法的复杂性为 $\mathcal{O}(n)^{1/2}$. 显然，这是一个速度极慢的"指数复杂性"算法，因为 $\mathcal{O}(n)^{1/2}$ 就是 $\mathcal{O}(2^{(\log n)/2})$. 在理论计算机科学里，我们将复杂性为 $\mathcal{O}(\log n)^k$ 的算法称为"多项式复杂性"算法，其中 k 为常数，n 为欲被计算的整数. "多项式复杂性"算法被认为是"快"的算法，而超过多项式复杂性的算法被认为是"慢"的算法. 目前最快的"确定型"质数检验算法，是三个印度人阿格拉沃尔（Agrawal）、卡亚勒（Kayal）和萨克森那（Saxena）于 2002 年发明的算法（现简称为 AKS 算法），其计算复杂性为 $\mathcal{O}(\log n)^{12}$（不附加任何条件）. 显然这是一个高阶的多项式复杂性算法，因此，如果不对它再作些改进的话，它是没有什么太大的实用价值的. 目前常用的质数检验算法，基本上都是以某种形式基于如下定理（称为"费马小定理"，与前章讨论过的"费马大定理"相对应）的概率型的、低阶多项式复杂性的检验算法.

定理 6.4（费马小定理，1640）　令 a 为正整数，p 为质数. 如果 $\gcd(a, p) = 1$，则

$$a^{p-1}\equiv 1(\bmod\ p).\qquad(54)$$

由费尔马小定理立即可推出：

推论 6.1 令 n 为奇正整数，且 $\gcd(a,n)=1$. 如果

$$a^{n-1}\not\equiv 1(\bmod\ n),\qquad(55)$$

则 n 为合数.

所以，费马小定理可以用作合性判别，但不能直接用作质性判别，因为如果 $a^{n-1}\not\equiv 1(\bmod\ n)$，那么 n 一定是合数，但是如果 $a^{n-1}\equiv 1(\bmod\ n)$，$n$ 并不一定是质数，它有 $1/4$ 的概率误差，这也就是"概率判别法"之名称的来历. 在一般情况下，我们可用如下之改进的、称为 Miller-Rabin 的概率测试法［由卡内基梅隆（Carnegie-Mellon）大学教授加里·米勒（Gary Miller）1975 年在加利福尼亚大学伯克利分校读博士时提出，1980 年由哈佛大学教授、1976 年图灵奖得主迈克尔·拉宾（Michael Rabin）进一步改进］：首先将欲被检验之数 n 表成 $n=1+2^j d$（其中 d 为奇数）之形式，这样我们就可以构造如下的序列：

$$\{b^d,b^{2d},b^{4d},b^{8d},\cdots,b^{2^{j-1}d},b^{2^j d}\}\bmod n,\qquad(56)$$

其中 $1<b<n$. 这种序列之值的情形一定不会超出下面的五种情形之一：

$$(1,1,\cdots,1,1,1,\cdots,1),$$
$$(?,?,\cdots,?,-1,1,\cdots,1),$$
$$(?,\cdots,?,1,1,\cdots,1),$$

$$(?,\cdots,?,?,?,\cdots,-1),$$

$$(?,\cdots,?,?,?,\cdots,?),$$

此处的问号? 表示非 ±1 之值. 当 n 为质数时,其序列之值只能为前两种情形之一. 当 n 为合数时,其序列之值为后三种情形之一,但问题是,对于某些合数 n,其序列之值也有可能混进前两种情形之一. 比如当选定 $b=2$ 时,合数 $n=2047=23\times89$ 的序列之值就不在后三种情形之一,因为对于 $n-1=2^1\times1023$ 和 $d=1023$,我们有:

$$2^{1023}\equiv1\ (\mathrm{mod}\ 2047),$$

$$2^{2046}\equiv1\ (\mathrm{mod}\ 2047),$$

这就是说它混进了第一种情形,那本该是属于质数应该具有的序列,但它根本就不是质数,当然,我们可以连续多次地对 b 选用不同的值,以降低其概率误差. 例如,如果我们连续选用 25 个随机的、不同的 b 来构造如上序列并进行测试. 如果每次测试的结果都表明 n 是质数,那么 n 很有可能就是质数,即便会出错,其出错的概率也要小于一百万分之一. 所以从实用的角度讲,这个误差是可以忽略不计的. 当然从理论的角度讲,这个小误差是不能忽略不计的. 但是,如果我们假定"黎曼假设"正确的话,那么 Miller-Rabin 检验法可以改进成一个确定性的多项式复杂性算法(如前所述,"黎曼假设"是七个"千禧难题"之一,奖金为一百万美元),可是我们目前并不知道"黎曼假设"是否正确.

目前人们最常用的质性检验方法是"椭圆曲线检验法",其计算复杂性为 $\mathcal{O}(\log n)^5$.虽然椭圆曲线法也是一种概率法,但它没有概率错误,我们称这种方法为零错误(zero-error)概率法,其计算复杂性为而前面刚介绍的 Miller-Rabin 法,属于单面错误(one-sided error)概率法,因为它说 n 是合数 n 就一定是合数(不会出错),但它说 n 是质数时则 n 有可能不是质数(这就是说它有一个概率误差,因此我们不能过于相信 Miller-Rabin 法).

下面我们介绍如何应用椭圆曲线的方法进行质性检验.首先我们引进一个定理.

定理 6.5 假定欲被检验、判定的正(奇)整数为 n 且满足 $n>13$ 和 $\gcd(n,6)=1$.随机选择一条 $\mathbf{Z}/n\mathbf{Z}$ 上的椭圆曲线 $E\backslash\mathbf{Z}/n\mathbf{Z}:y^2\equiv x^3+ax+n(\bmod n)$,以及一个随机点 $P\in E(\mathbf{Z}/n\mathbf{Z})$.假定

(1) $n+1-2\sqrt{n}\leqslant|E(\mathbf{Z}/n\mathbf{Z})|\leqslant n+1+2\sqrt{n}$;

(2) $|E(\mathbf{Z}/n\mathbf{Z})|=2q$,其中 q 为奇质数.

如果 $P\neq\mathcal{O}_E$ 为 E 上之一点且 $qP=\mathcal{O}_E$,则 n 为质数.

假定我们试图应用椭圆曲线法来判定 $n=9343$ 是否是一个质数.首先我们注意到 $n>13$ 且 $\gcd(n,6)=1$.接下来我们选择 $\mathbf{Z}/n\mathbf{Z}$ 上的一条椭圆曲线 $y^2=x^3+4x+4,P=(0,2)$ 为曲线上之一点,并计算椭圆曲线 $E(\mathbf{Z}/n\mathbf{Z})$ 上点的数目 $|E(\mathbf{Z}/n\mathbf{Z})|=9442$,即

点之序号	曲线上的点
1	(0,2)
2	(0,9341)
3	(1,3)
4	(1,9340)
5	(3,1264)
6	(3,8079)
7	(7,3541)
8	(7,5802)
9	(10,196)
⋮	⋮
9438	(9340,4588)
9439	(9340,4755)
9440	(9341,3579)
9441	(9341,5764)

现在我们再验证定理 6.5 中的两个条件. 对于第一个条件, 我们有:

$$\lfloor n+1-2\sqrt{n} \rfloor = 9150 < 9442 < 9537 = \lfloor n+1+2\sqrt{n} \rfloor.$$

对于第二个条件, 我们有:

$$|E(\mathbf{Z}/9343\mathbf{Z})| = 9442 = 2q, q = 4721, \text{为质数},$$

其中 $q=4721>2$, 是质数. 显然, 两个条件都满足. 最后, 也是最重要的, 我们计算椭圆曲线 $E(\mathbf{Z}/9343\mathbf{Z})$ 上的点 qP. 由于 $P \in E(\mathbf{Z}/9343\mathbf{Z})$ 及 $P \neq \mathcal{O}_E$, 但 $qP \in E(\mathbf{Z}/9343\mathbf{Z})$ 及 $qP = \mathcal{O}_E$, 我们断定: $n=9343$ 是一个质数.

上述检验算法的麻烦问题在于 $|E(\mathbf{Z}/n\mathbf{Z})|$ 的计算; 当 n 很大时, 计算 $|E(\mathbf{Z}/n\mathbf{Z})|$ 的困难性几乎与证明 n 的质合性相当, 所以得不偿失. 戈德瓦瑟 (Goldwasser) 和基利恩

(Kilian)找到了一种克服此困难的方法,该法基于费马小定理的一个很有用的逆[由英国数学家 H. C. 波克林顿(H. C. Pocklington)在 1914—1916 年发现].

定理 6.6(Pocklington) 设 s 为 $n-1$ 之一因子. 设 $\gcd(a,n)=1$ 使之对 s 中的每一个质因子 q,有

$$\left.\begin{array}{l} a^{n-1}\equiv 1(\bmod\ n) \\ \gcd(a^{(n-1)/q},n)=1 \end{array}\right\} \tag{57}$$

n 中的每一个因子 p 均满足:

$$p\equiv 1(\bmod\ s). \tag{58}$$

进而,如果 $s>\sqrt{n}-1$,则 n 为质数.

Goldwasser-Kilian 测试法则可认为是 Pocklington 定理在椭圆曲线上的一种推广.

定理 6.7 设 n 为一大于 1 的正整数且 $\gcd(n,6)=1$,E 为 $\mathbf{Z}/n\mathbf{Z}$ 上之一椭圆曲线. 令 m 和 s 为整数且 $s\mid m$. 如果 E 上存在一点 P,使之

$$mP=\mathcal{O}_E,$$

且对每一个质因数 $q\mid s$,恒有

$$(m/q)P\neq\mathcal{O}_E,$$

则对 n 中的每一个质数 $p\mid n$,恒有

$$|E(\mathbf{Z}/p\mathbf{Z})|\equiv 0(\bmod\ s).$$

进而,如果 $s>(\sqrt[4]{n}+1)^2$,则 n 为质数.

不过在实用上,Goldwasser-Kilian 质数判别算法还是

没有什么价值. 很有幸的是, 著名数学家 A. O. L. 阿特金 (A. O. L. Atkin, 1925—2008) 在 Goldwasser-Kilian 算法刚出来的 1986 年就对其作了重大改进, 而法国著名年轻计算数论专家 F. 莫兰(F. Morain) 则更是对其在程序设计方面作了精心的设计和实现, 并逐步将其发展成一种标准实用的 ECPP 程序(一般称为 Goldwasser-Kilian-Atkin-Morain ECPP 检验法). 有兴趣的读者, 可以进一步参考我们在书末列出的参考文献.

思考与科研题六

(1)思考题

(a)设 $y^2 = x^3 - x - 1$ 为 $\mathbf{Z}/1098413\mathbf{Z}$ 上的一条椭圆曲线, $P = (0,1)$ 为这条曲线上的一个点.

(i)计算 kP, 其中 $k = 2, 3, 8, 20, 31, 45, 92, 261, 513, 875$.

(ii)求出 k 之最小正整数值, 使之 $kP = (467314, 689129)$.

(b)用椭圆曲线检验法验证

$$n = (((((((((2^3 + 3)^3 + 30)^3 + 6)^3 + 80)^3 + 12)^3 + 450)^3 + 894)^3 + 3636)^3 + 70756)^3 + 97220$$

是一个质数. (应用椭圆曲线质性检验算法, 如 Goldwasser-Kilian-Atkin-Morain ECPP 检验法, 可以在比较短的时间内验证数千位的一般形式的质数; 特殊形式的质数比较容易判别一些.)

(c)证明 Miller-Rabin 质性检验算法是一个随机性的多项式复杂性算法. 证明如果黎曼假设正确的话, Miller-Rabin 算法可以在确定性多项式时间内进行.

(2)科研题

(a)证明或反驳"存在无穷多个梅森质数".(这是一个悬而未决两千多年的著名数学难题.)

(b)如果 2^p-1 为一梅森质数,则 $(2^p-1)2^{p-1}$ 为一完全数.完全数的定义为:n 为完全数,如果 $\sigma(n)=2n$,其中 $\sigma(n)$ 为 n 的所有因数之和(包括 1 和 n 本身).比如 6 是一个完全数,因为 $\sigma(6)=1+2+3+6=2\times6=12$.著名的欧几里得-欧拉定理指出:$n$ 为完全数当且仅当 $n=(2^p-1)2^{p-1}$,其中 2^p-1 为梅森质数.

(i)证明或反驳:存在无穷多个完全数(这是一个悬而未决两千多年的著名历史难题).

(ii)与梅森质数一一对应的其实是"偶"完全数.至于是否有"奇"完全数的存在,则又是一个悬而未决两千多年的著名数学难题.

证明或反驳:存在至少一个奇完全数.

(c)找出一个具有 1 亿位(十进制位)的质数(美国电子前沿基金会 EFF 将发给第一个找到满足此条件的质数的个人或组织 15 万美元的奖金).

(d)找出一个具有 10 亿位(十进制位)的质数(美国电子前沿基金会 EFF 将发给第一个找到满足此条件的质数的个人或组织 25 万美元的奖金).

(e)三位美国数学和计算机科学家波默朗斯(Pomerance)、塞尔弗里奇(Selfridge)和瓦格斯塔夫(Wagstaff)悬赏 2×620 美元征询如下两个问题之解.

(i)找出这样的一个奇合数 n(如果存在的话)及其质因数分解式,使之

$$\begin{cases} n\equiv\pm2(\bmod 5), \\ f_{n+1}\equiv0(\bmod n), \\ 2^{n-1}\equiv1(\bmod n), \end{cases}$$

其中 f_{n+1} 为第 $n+1$ 个斐波纳契数;斐波纳契数的定义为

$$\begin{cases} f_0 = 0, \\ f_1 = 1, \\ f_i = f_{i-1} + f_{i-2}, i > 1, \end{cases}$$

奖金 620 美元,其中塞尔弗里奇出 500 美元、瓦格斯塔夫出 100 美元、波默朗斯出 20 美元.

(ii)证明或反驳"符合上述条件的奇合数 n 根本不存在"之猜测.奖金 620 美元,其中波默朗斯出 500 美元、瓦格斯塔夫出 100 美元、塞尔弗里奇出 20 美元.至今还没有发现关于该猜测的一个反例;如果该奇合数存在的话,它至少具有数百个十进制位.

七 整数分解

2009 年 12 月 12 日,著名的 RSA 整数 RSA-768(768 个二进制位,232 个十进制位),被世界上一群类似于"足球迷"那样的训练有素且组织严密的"整数分解迷"被彻底分解出来了:

12301866845301177551304949583849627207728535695953347921973224521517264005072636575187452021997864693899564749427740638459251925573263034537315482685079170261221429134616704292143116022212404792747377940806653514195974598569021434413=

33478071698956898786044169848212690817704794983713768568912431388982883793878002287614711652531743087737814467999489×

3674604366679959042824463379962795263227915816

4343087642676032283815739666511279233373417143

396810270092798736308917.

注意,RSA-768 是一个"一般形式"的整数,这种整数比较难以分解,RSA 数据安全公司曾悬赏五万美元分解此数,著名的 RSA 密码体制的安全性就是基于这种一般形式的整数分解之难解性的. 不过对于某些特殊的整数,比如具有 1024 个二进位的梅森数 $2^{1039}-1$(注:它只是一个梅森数,而非梅森质数),就曾于 2008 年被彻底分解出来了:

$2^{1039}-1=5080711 \times$

5585366661993629126074920465831594496864652701848863764801005234631985328837475 3 $\times$

2075818194644238276457048137035946951629397080073952098812083870379272909032467938234314388414483488253405334476911222302815832769652537609141018910524199389933410971162435896206597216748116174900480365973557340925320542552 3689.

整数分解是数学中的一个悬而未决数千年的难题(主要难点在于没有快速的,即多项式复杂性的分解算法),时至今日仍未被彻底解决. 近几十年来又发现它在计算机科学和现代密码学中有重大应用. 其实整数分解与我们所熟知的质因数分解有关,事实上,整数分解是质因数分解中的一个基本操作或运算.尽管质因数分解的思想由来已久(欧几里得的《几何原本》中就有其萌芽),但其"存在性和唯一性"(算术基本定理)的严格证明,则是在"数学王子"高斯(1777—1855)手上完成的.不过由于算术基本定理只是一个存在性的定理,其证明只是说明质因数分解是存在的,至于具体如何求出这种质因数分解式,只字未提.

定理 7.1(算术基本定理) 令 $n > 1$ 为正整数.则 n 可以唯一表成如下之标准质因数分解式:

$$n = p_1^{\alpha_1} p_2^{\alpha_2} \cdots p_k^{\alpha_k} = \prod_{i=1}^{k} p^{\alpha_i}, \tag{59}$$

其中 p_i 为质数,α_i 为正整数.

前一章讨论的质性检验问题只是判定给定的正整数 n 是不是质数.如果 n 是质数,那么质性检验问题便算是"大功告成"了.但是如果 n 不是质数(是合数),那么根据算术基本定理,我们还可以进一步将 n 分解成它的质因数乘积形式.在质因数分解 n 时,我们需要递归使用质数检验和整数分解两个过程.我们现先给出"整数分解问题"(integer factorization problem,IFP)的一个严格定义.

定义 7.1 令 $n > 1$ 为正整数,并且已经通过"质性检验"被确定为是合数.

$$\text{IFP} := \begin{cases} \text{输入:} & n \in \text{合数}, \\ \text{输出:} & a \in \mathbf{Z}_{>1}^{+}, \text{使之 } a \mid n, 1 < a < n. \end{cases} \tag{60}$$

　　所以,所谓的整数分解问题,就是要求出合数 n 中的一个非平凡因数(真因数) a,使之 $a|n$,$1<a<n$(此处的符号$|$表示整除).注意:整数分解只要求分解出 n 中的一个非平凡因数,并不要求一定是质因数,尤其不要求分解出 n 中的所有质因数(分解出 n 中的所有质因数是"质因数分解"的任务).显然,对于任何一个大于 1 的正整数 n,只要我们递归调用"质性检验"和"整数分解"两个过程,n 最终总能分解成其质因数的标准分解式.因此,"质性检验"和"整数分解"是"质因数分解"两个最基本的运算过程.在小学算术里,我们就知道如何使用"试除法"来分解质因数 n.所谓用试除法分解 n(此时假定 n 已经经过质性检验后确认为是合数),就是试着从最小的质数 2 开始,依次、反复用质数 2,3,5,7,…逐个地去试除 n,看它能否被 n 整除.如果能够整除,我们就记录下其除数和商;此时我们再对该商作一个质性检验;如果该商不是质数,我们需要用它作为被除数,再继续与上完全相同的、新的一轮的试除法(这完全是一个简单的、周而复始的、递归的过程);如法炮制,一直到新的商是质数为止.至此,n 就被完全质因数分解了,所得之各除数和最后一个商便为 n 的所有质因数.现以质因数分解 385 为例(图 26).由于 385 为奇数,因此我们从质数 3 开始.由于 3 不能整除 385,我们跳到质数 5,此时 5 能整除 385,故得除数 5 和商 77.由于商 77 还是合数,因此我们必

须用完全类似的试除方法再去分解 77. 此时, 最小可以整除 77 的质数是 7, 因此我们得到新的除数 7 和新的商 11. 由于这个新的商 11 是个质数, 故分解结束、大功告成.

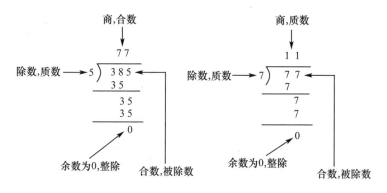

图 26　短除法质因数分解 385 示意图

　　目前有两大类性质不同的整数分解算法: "一般分解算法"和"特殊分解算法". "一般分解算法"适合于欲被分解的整数是一种"一般的整数", 这种整数没有什么规律, 尤其是这种整数一般都没有小质因数; "特殊分解算法"适合于分解一些具有特殊规律或形式的整数, 即"特殊的整数", 比如具有小质因数的整数. 一般整数的分解要比特殊整数的分解困难很多. 目前最快的一般整数分解算法是由英国数学家约翰·波拉德(John Pollard)首创的"数域筛法"(number field sieve), 其预期计算复杂性(未被严格证明)为

$$\mathcal{O}(\exp(c(\log n)^{1/3}(\log\log n)^{2/3})), \qquad (61)$$

其中 $c = (64/9)^{1/3} \approx 1.922999427$. 当然, 经过某些改进, 数

域筛法也可用于"特殊"的整数分解,此时其计算复杂性中的常数 c 为 $c=(32/9)^{1/3} \approx 1.526285657$. 不过,对于一些"特殊"整数的分解(比如 n 非常大,但 n 中又有小质因数时),数域筛法并不十分有效,并且用起来特别麻烦,因此,人们往往更愿意使用由荷兰数学家亨德里克·伦斯特拉(Hendric Lenstra)发明的"椭圆曲线法"(elliptic curve method, ECM),其预期计算复杂性(未被严格证明)为

$$\mathcal{O}(\exp(c(\log p \log \log p)^{1/2})), \qquad (62)$$

其中 $c \approx 2$(具体数值由具体实现方法而定). 显然,当 $n=pq$(p, q 为两个大小相近的质因数)时,ECM 的效率最低. 比较一下式(61)和式(62),我们不难发现,数域筛法依赖于 n 的大小,而椭圆曲线法则依赖于 n 中 p 的大小. 这就是此二法的根本区别.

亨德里克·伦斯特拉(图 27)1949 年出生于荷兰一个数学世家,其父亲为数学教授,其三个兄弟阿里扬·伦斯特拉(Arjen Lenstra)、安德烈·伦斯特拉(Andries Lenstra)和简·卡雷尔·伦斯特拉也都是学有所成的著名数学家,其中简·卡雷尔·伦斯特拉(Jan Karel Lenstra)曾为荷兰国家数学与计算机科学研究中心(CWI)主任. 亨德里克·伦斯特拉 1977 年在阿姆斯特丹大学博士毕业,1978 年就被破格提升为正教授,1987 年被美国加州大学伯克利分校聘为教授,2003 年重返荷兰,在莱顿大学担任教授. 亨德里

克·伦斯特拉思想非常活跃,经常
在世界各地讲学,组织会议.亨德里
克·伦斯特拉最善于在别人工作的
基础上发现新规律,取得新突破.
ECM 的思想其实非常简单,并且与
早它 10 年前就已存在的"$p-1$"分
解法的思想完全一致,事实上
ECM 就是"$p-1$"在椭圆曲线上的

图 27　亨德里克·伦斯特拉

一种自然对应物. ECM 创新就创新在将"$p-1$"分解法所
依赖的整数的乘法群推广到椭圆曲线的点群上,从而开辟
出整数分解的一片崭新天地.为了能更好地理解 ECM 分
解法,我们先介绍"$p-1$"分解法."$p-1$"分解法也是由英
国数学家约翰·波拉德(John Pollard)发明的.波拉德是一
个数学奇才.他曾在剑桥大学念数学,但因考试不及格而肄
业,后来因在计算数论中做出突出贡献,尤其是发明了多种
整数分解和离散对数的算法(下章将介绍离散对数的概念)
而被剑桥免试授予博士学位.我们刚提到的数域筛法也是
波拉德发明的,不过该算法在一开始的时候,并没有引起人
们的注意,正是在亨德里克·伦斯特拉的推动和改进下,才
使它一跃成为目前世界上速度最快的整数分解算法.

　　算法 7.1("$p-1$"分解法)　设 $n>1$ 为一合数.本算法
试图找出 n 的一个非平凡因数(不一定要求是质因数).

[1](初始化)随机选定一个正整数 $a \in \mathbf{Z}/n\mathbf{Z}$,再选定正整数 k,使之可被很多质数幂整除,因此可选 $k = \mathrm{lcm}(1, 2, \cdots, B)$ 或 $k = B!$,其中 B 为某一预先设定之界(B 值越大就越好,当然也就越慢).

[2](求幂运算)计算 $a_k \equiv a^k \pmod{n}$.

[3](计算最大公约数)计算 $f = \gcd(a_k - 1, n)$.

[4](确定因数)如果 $1 < f < n-1$,那么 f 为 n 的一个非平凡因数(不一定是质因数),输出 f 并转至[6]结束本算法.

[5](继续再试)如果 f 不是 n 的非平凡因数,而又想再试,则可转至[1]重新再来,否则转至[6]结束本算法.

[6](结束)终止算法.

现在我们就可以很方便地介绍如下基于椭圆曲线理论的 ECM 分解法.

算法 7.2(ECM 分解法) 设 $n > 1$ 为一合数且 $\gcd(n, 6) = 1$. 本算法试图找出 n 的一个非平凡因数.

[1](椭圆曲线选择)随机选定 (E, P),其中 E 为 $\mathbf{Z}/n\mathbf{Z}$ 上的椭圆曲线 $y^2 = x^3 + ax + b$,$P = (x, y) \in E(\mathbf{Z}/n\mathbf{Z})$ 为 E 上一点,即随机选定 $a, x, y \in \mathbf{Z}/n\mathbf{Z}$,并置(注:在数学里,一般用"令",但在计算机科学里,一般用"置",英文为 set)$b \leftarrow y^2 - x^3 - ax$. 如果 $\gcd(4a^3 + 27b^2, n) \neq 1$,那么 E 不是椭圆曲线,需要重新选定 (E, P).

[2] (选定正整数 k) 类似于"$p-1$",选定正整数 k,即选 $k=\mathrm{lcm}(1,2,\cdots,B)$ 或 $kB!$.

[3] (计算 kP) 计算 $kP\in E(\mathbf{Z}/n\mathbf{Z})$,基本计算公式为 $P_3(x_3,y_3)=P_1(x_1,y_1)+P_2(x_2,y_2)$:

$$(x_3,y_3)=(\lambda^2-x_1-x_2\bmod n,\lambda(x_1-x_3)-y_1\bmod n),$$

其中

$$\lambda=\begin{cases}\dfrac{m_1}{m_2}\equiv\dfrac{3x_1^2+a}{2y_1}\,(\bmod\ n),&\text{如果 }P_1=P_2,\\[3mm]\dfrac{m_1}{m_2}\equiv\dfrac{y_2-y_1}{x_2-x_1}\,(\bmod\ n),&\text{否则}.\end{cases}$$

$kP\bmod n$ 之计算可在 $\mathcal{O}(\log k)$ 时间内完成.

[4] (计算 GCD) 如果 $kP\equiv\mathcal{O}_E(\bmod\ n)$,那么计算 $f=\gcd(m_2,n)$,否则转至[1]重新选定 a 或 (E,P).

[5] (寻求因子) 如果 $1<f<n$,那么 f 为 n 的一个非平凡因子,输出 f 并转至[7].

[6] (重新再来) 如果 f 并非 n 之非平凡因子,而你又想再试,则转至[1]重新选定曲线重新再来,否则转至[7].

[7] (结束) 终止算法.

现假定我们要分解 $n=187$. 设 $k=6$(k 值的选定很关键,一般是选定一串数的最小公倍数,此处的 k 值是 $1,2,3$ 的最小公倍数). 再设 $P=(0,5)$ 为椭圆曲线 $E:y^2=x^3+x+25$ 上的一个点,且满足 $4a^3+27b^2\neq0$. 这样我们可以计算出 $6P$. 具体的计算步骤如下:

$$2P = P \oplus P = (0,5) \oplus (0,5):$$

$$\begin{cases} \lambda = \dfrac{m_1}{m_2} = \dfrac{1}{10} \equiv 131 \pmod{187}, \\[2mm] x_3 = 144 \pmod{187}, \\[2mm] y_3 = 18 \pmod{187}. \end{cases}$$

$$3P = P \oplus 2P = (0,5) \oplus (144,18):$$

$$\begin{cases} \lambda = \dfrac{m_1}{m_2} = \dfrac{13}{144} \equiv 178 \pmod{187}, \\[2mm] x_3 = 124 \pmod{187}, \\[2mm] y_3 = 176 \pmod{187}. \end{cases}$$

$$6P = 2(3P) = 2(124,176) = (124,176) \oplus (124,176):$$

$$\lambda = \frac{m_1}{m_2} = \frac{46129}{352} \equiv \frac{127}{165} \equiv \times \pmod{187}.$$

此时除法 127/165 mod 187 不能进行, 但这正是我们所盼望的. 根据我们在第三章中介绍的关于环和域的定义, **Z**/187**Z** 只是一个环而不是一个域, 因为 187 不是质数, 也因为 165 在 **Z**$_{187}$ 中是不可逆的, 也即 165 · 165^{-1} $\not\equiv$ 1(mod 187). 根据定义(请参见第三章), **Z**/n**Z** 是一个域当且仅当 n 为质数. 所以在环 **Z**/187**Z** 上, 除法(也就是乘法的逆运算)并不一定总能进行. 而这点正是我们所需要的, 我们是"明知故犯", 因为我们明明知道在 **Z**/187**Z** 上进行除法会出问题, 但我们就是希望它出问题. 只要它出问题, 我们就有可能分解出 187(它要不出问题反倒麻烦, 因为我们必须重新选定参数,甚至重新选定椭圆曲线,以致让它在计算上出问题).此时我们计算 187 和 165 的最大公约数: $\gcd(187,165)=11$,从而找到了 187 的一个因数.事实上, $187=11\times17$.

设 D 为给定年间所能分解的最大"特殊整数"的十进制位数,则根据 ECM 的分解能力和莫氏(Moore's)定理(计算机集成电路的集成度每十八个月翻一番,也可理解为计算机的计算能力每十八个月翻一番),我们可以得到如下的年间和分解位数的近似公式:

$$Y=9.3\sqrt{D}+1932.3,$$

其中 Y 表示年间,D 表示可以分解的"特殊整数"的位数.比如给定 $D=70$,可大致得到 $Y=2010$.这也就是说,按照目前的分解进展,2010 年人们分解特殊整数中质因数 p 的能力可达到 70 个十进制位.注意,对于"一般整数",我们必须使用另一个相应的近似公式:

$$Y=13.24\sqrt[3]{D}+1928.6,$$

其中 Y 表示年间,D 表示可以分解的"一般整数"的位数.根据这个公式,下面这个被称为 RSA-2048 的正整数 n(具有 617 个十进制位,2048 个二进制位):

251959084756578934940271832400483985714292821262040320277771378360436620207075955562640185258807844069182906412495150821892985591491761

8450280848912007284499268739280728777673597141834727026189637501497182469116507761337985909570009733045974880842840179742910064245869181719511874612151517265463228221686998754918242243363725908514186546204357679842338718477444792073993423658482382428119816381501067481045166037730605620161967625613384414360383390441495263443219011465754445417842402092461651572335077870774981712577246796292638635637328991215483143816789988504044536402352738195137863656439121201039712282212072035 7,

大概要到 2041 年才能被分解（按照目前的数学与计算能力）.

思考与科研题七

(1) 思考题

(a) 应用 ECM 法分解如下整数:

(i) 17531,

(ii) 218548425731,

(iii) 190387615311371,

(iv) $2^{1181} - 1$,

(v) $10^{381} + 1$.

(b) 令 $\mathscr{P}$ 为可在确定性图灵机上以多项式时间解决的问题之集合, $\mathscr{NP}$ 可在非确定性图灵机上以多项式时间解决的问题之集合. 目前人们猜测: $\mathscr{P}$

$\subset \mathscr{NP}$,即 $\mathscr{P} \neq \mathscr{NP}$,但没有人能证明.因此 $\mathscr{P} \overset{?}{=\!=\!=} \mathscr{NP}$,是七个"千禧难题"之一.证明:如果 $\mathscr{P} = \mathscr{NP}$,则 IFP 可在多项式时间内进行.

(2)科研题

(a)证明或反驳:$\mathscr{P} \neq \mathscr{NP}$.(2010 年 8 月 6 日,美国加州 HP 实验室一位印度数学家欧拉里卡(Deolalikar)声称他证明了 $\mathscr{P} \neq \mathscr{NP}$,但目前没有人能相信其证明,因为该文的漏洞太多太大;详情可参见书末所列的参考文献[5]及其注解.)

(b)我们先引进一个定理(Canfield-Erdös-Pomerance 定理):令 n 为一正整数,且不是质数幂,不能被 2 或 3 整除.再令 α 为一实数.则随机正整数 $s \leqslant x$ 具有其所有质因数 $\leqslant L(x)^\alpha$ 之概率为 $L(x)^{-1/(2\alpha)+o(1)}$,$x \to \infty$,其中 $L(x) = \exp((\log x \log\log x)^{\frac{1}{2}})$.

再引进一个猜测:令 $x = p$,则随机正整数具有其所有质因数 $\leqslant L(x)^\alpha$ 都在小区间 $(x+1-\sqrt{x}, x+1+\sqrt{x})$ 内之概率为 $L(p)^{-1/(2\alpha)+o(1)}$,$p \to \infty$.

根据 Canfield-Erdös-Pomerance 定理和上述猜测,证明

(i)ECM 分解 n 中最小质因数 p 之概率时间复杂性为:
$$\exp(((2+o(1))\log p \log\log p)^{\frac{1}{2}}).$$

(ii)ECM 分解 n 之概率时间复杂性为:
$$\exp(((1+o(1))\log n \log\log n)^{\frac{1}{2}}).$$

(c)分解本章末刚介绍的正整数 RSA-2048.

(d)从不定方程的观点看,所谓整数分解,就是求解如下不定方程:
$$n = ab,$$
其中 n 为已知的大于 1 的正整数,a 和 b 为 n 的两个未知的非平凡因数.研究设计一个快速(具多项式复杂性的)求解该不定方程的算法.

(e)令 a, b 为正整数.(a, b) 称作相亲数(amicable numbers),如果 $\sigma(a) = \sigma(b) = a+b$,其中符号 $\sigma(n)$ 表示 n 的所有因数(包括 1 和 n 本身)之和.比如最小的一对相亲数为 $(220 = 2^2 \cdot 5 \cdot 11, 284 = 2^2 \cdot 71)$,因为 $\sigma(220) = \sigma(284) = 504$,这对相亲数由 2500 年前的古希腊数学家毕达哥拉斯发现.目前发现的比较大的一对相亲数为 $(2^9 \cdot p^{65} \cdot m \cdot q_1, 2^9 \cdot p^{65} \cdot q \cdot q_2)$,其中
$$p = 37669773212168992472511541,$$

$$q = 6096109048723206064306951027 19,$$
$$m = 569 \cdot 5023 \cdot 22866511 \cdot 287905188653,$$
$$q_1 = (p + q) \cdot p^{65} - 1,$$
$$q_2 = (p - m) \cdot p^{65} - 1,$$

这对数中的两个数都具有 3383 个十进制位. 人们猜测, 这种相亲数有无穷多对. 证明或反驳这个猜测 (这是一个悬而未决两千多年的著名历史难题).

八　公钥密码

　　密码学（cryptology）是一门研究加密（encryption）与解密（decryption）以及破译（cryptanalysis）的理论与技术的学科. 在英文里，加密解密又一块被称作 cryptography（我们称作密码体制，密码系统，或密码方法）. 密码（ciphertext）是相对于明码（plaintext）而言的，这是一个矛盾的两个方面. 所谓明码，就是人们可以直接识别或使用的代码（也就是人们通常所说的信息，如文字、声像等）；所谓密码，就是将明码经过了一定处理，变换成了一种外人（与此无关的人员）无法直接识别或使用的信息. 加密就是要将明码变成密码，解密就是要将密码再变换回到明码. 密码学有两个显著的特点：一是历史十分悠久（事实上，密码学的历史几乎与人类的文明史是一样长的），二是数学性极强（几乎所有的密码体制都程度不同地使用了数学的方法，而现代密码学则使用了非常艰深的代数、几何与数论的方法). 从加密解密的观点看, 基本上有两种不同的方法: 私钥密码法(secret-key cryptography)和公钥密码法(public-key cryptography). 所谓私钥密码法(图 28), 就是加密解密用同一个"钥匙"(key). 这样为了保证密码的安全性, 这个钥匙必须严格保密, 绝对不能泄漏给任何无关人员. 该体制的工作原理可以简述如下:

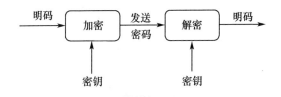

图 28　私钥密码体制示意图

(1)加密:$C = E_k(M)$, 其中 C 为密码, M 为明码, E 为加密方法, k 为加密的钥匙.

(2)解密:$M = D_k(C)$, 其中 D 为加密方法, k 为解密(同时也是加密)的钥匙.

加密解密必须满足如下关系式:

$$M = D_k(E_k(M)).$$

私钥密码体制具有至少 5000 年的历史, 一直到今天, 仍然被大量使用. 所谓公钥密码法(图 29), 就是加密解密用两个"不同"的"钥匙". 加密用公开的钥匙(public-key), 不需保密; 解密用私人的钥匙(private-key), 此钥匙必须严格保密,绝对不能泄漏给任何"外人". 该体制的工作原理也可以简述如下：

(1)加密：$C=E_{e_k}(M)$，其中 e_k 为加密的公匙.

(2)解密：$M=D_{d_k}(C)$，其中 d_k 为解密的私钥.

加密解密必须满足如下关系式：

$$M=D_{d_k}(E_{e_k}(M)).$$

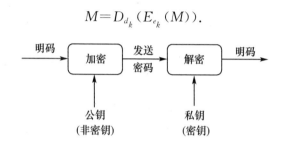

图 29　公钥密码体制示意图

在此,有一点我们需要特别说明：所谓加密解密用"同一个钥匙"或加密解密用"不同的钥匙",需要从计算理论上才能讲清. 从数学上讲,不管是哪种密码体制,其加密和解密的钥匙必须是不同的,只不过因为加密和解密是一对可逆运算,因此其加密和解密之钥匙可以互相转换,也即有了加密钥,自然就可以得到解密钥. 反之亦然. 由于在私钥密码体制中,其加密和解密之可逆运算一般都很简单,因此,我们就认为加密钥和解密钥是相同的,因为只要知道其一,就可以"很容易地算出"其二. 这里的"很容易算出",用计算理论的语言说,就是可以在"多项式时间内算出". 可是在公钥密码体制中,其加密一般都是基于某一个具有难解性的计算问题（infeasible problem），并由此设计出一个"天窗单向函数"（trap-door one-way function），使之加密很容易，但如果没有解密之钥，那么解密会非常困难（所谓非常困难，就是不能在"多项式时间内算出"），这就是为什么我们认为加密钥不同于解密钥之理由. 但若有类似于"天窗"这样的信息，那么解密与加密的难易程度就几乎是一样的了. 这也就是说，如果您想要进入一个上了锁的房间，你必须要有开锁之钥匙，但如果你有"天窗"的话，你就可以从"天窗"而入了. "天窗单向函数"的名字就是这么引入到密码学里的. 这里的一切，都是基于计算机科学里的难解性理论（infeasibility theory）. 所以，公钥密码学是数学和计算机科学以及现代通信的一门边缘性学科，而从事公钥密码的研究人员，一般也都既是数学工作人员，同时也是计算机科学工作人员. 这也就是说，有志于从事公钥密码科研的年轻读者，必须从数学和计算机科学两个方面打好基础才行（这是题外话）. 相对于私钥密码体制的历史而言，公钥密码体制的历史却只有三四十年的光景. 事实上，世界上有据可查的、第一篇公开发表的、关于公钥密码体制的文章是美国斯坦福大学的马丁·赫尔曼（Martin Hellman）和他的研究助理惠特菲尔德·迪菲（Whitfield Diffie）于 1976 年发表的，而这篇文章又用了拉尔夫·默克尔（Ralph Merkle）（赫尔曼的博士生）的思想. 当然，不管是迪菲、赫尔曼，还是默克尔，他们都只是提出了公钥密码体制的思想而并没有真正实现其思想.
世界上第一个实用的公钥密码体制是由美国麻省理工学院
的罗纳德·李维斯特(Ronald L. Rivest)、阿迪·沙米尔
(Adi Shamir)和伦纳德·阿德尔曼(Leonard Adleman)于
1977 年发明创立的(为此他们三人于 2003 年获得享有计
算机科学诺贝尔奖之誉的图灵奖),现被通称为 RSA 密码
体制,其安全性基于整数分解的难解性(在前一章里我们已
经知道,整数分解是没有快速算法的).国际密码界特将迪
菲、赫尔曼、默克尔、李维斯特、沙米尔和阿德尔曼六个人一
块作为公钥密码体制的创始人(看来这还是很合理的).在
本章中,我们介绍基于椭圆曲线离散对数问题(elliptic
curve discrete logarithm problem,ECDLP)的公钥密码体
制.在正式介绍椭圆曲线密码体制之前,我们先来介绍一种
基于"离散对数问题"的公钥密码体制.我们先定义离散对
数问题(discrete logarithm problem,DLP).

定义 8.1 令 $n>1$ 为正整数.

$$\text{DLP} := \begin{cases} \text{输入:} & \text{正整数 } x,y,n>1, \\ \text{输出:} & \text{正整数 } k>1,\text{使之 } y \equiv x^k (\mathrm{mod}\ n). \end{cases}$$

$$(63)$$

所以,所谓离散对数问题,就是给定正整数 $x,y,n>1$,
求出正整数 $k>1$(如果存在的话),使之 $y \equiv x^k (\mathrm{mod}\ n)$.就
目前而言,人们还没有找到计算离散对数的快速算法(所谓

快速算法,是指其计算复杂性在多项式范围内的算法,即 $\mathcal{O}(\log n)^c$,其中 c 为常量).虽然我们有快速计算离散对数的量子算法,其计算复杂性为 $\mathcal{O}(\log n)^{2+\varepsilon}$,但我们目前并没有量子计算机.我们即将介绍的基于离散对数的公钥密码体制是塔希尔·盖莫尔(Taher ElGamal,赫尔曼的博士生)于 1985 年提出的,故目前被称作 ElGamal 密码体制,其基本思想如下(图 30):

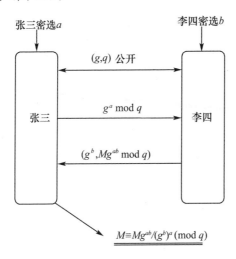

图 30 有限域上离散对数密码示意图

[1]张三和李四公开选择有限域 $\mathbf{F}_q$(其中 $q = p^k$,p 为质数,k 为正整数)上的一条椭圆曲线 E,以及随机选取其上的一个点 $P \in E$.

[2]张三选一个随机数 r_a,并计算 $r_a P$;李四也选一个随机数 r_b,并计算 $r_b P$.

[3]为了不直接给李四传输信息 M(明码),张三选一个随机数 k,并传输所选椭圆曲线上的一对点,也就是密码 $C=(kP, M+k(r_bP))$ 过去.

[4]为了阅读 M,李四计算

$$M+k(r_bP)-r_b(kP)=M. \tag{64}$$

这样,李四就可以阅读理解明码 M 了.

椭圆曲线离散对数问题(ECDLP)可以认为是有限域上离散对数的一种自然推广,其定义为:

定义 8.2 令 p 为质数.

$$\text{ECDLP} := \begin{cases} \text{输入:} & E \backslash \mathbf{F}_p, P, Q \in E(\mathbf{F}_p), \\ \text{输出:} & \text{正整数 } k>1, \text{使之 } Q \equiv kP \pmod{p}. \end{cases}$$

$$\tag{65}$$

所以,所谓椭圆曲线上的离散对数,可以认为是:给定有限域 $\mathbf{F}_p$ 或有限域 $\mathbf{F}_q$($q=p^r$ 为质数幂)上的一条椭圆曲线 $y^2=x^3+ax+b$,并给定这条曲线上的两个点 P 和 Q,求出正整数 k(如果存在的话),使之 $Q=kP$. 目前关于椭圆曲线离散对数问题还没有找到一种甚至是亚指数(subexponential)复杂性的算法(对于离散对数问题,我们已有亚指数复杂性的算法). J. H. 西尔弗曼(J. H. Silverman)等人于 2000 年提出了一种称为 Xedni Calculus 的计算椭圆曲线离散对数的算法,但该法过于复杂,并用了很多未被证明的数学结果,因此该法一是没有实用价值,二是连个复杂性的度量都提不出来. 因此, 寻求快速实用的计算椭圆曲线离散对数的算法(哪怕是亚指数复杂性的算法)是当前计算数论中的一项刻不容缓的艰巨任务. 我们列出加拿大 Certicom 密码公司提出的若干 ECDLP 挑战题. 在这些问题中, 要求计算出 k, 使之

$$Q(x_q, y_q) = kP(x_p, y_p). \tag{66}$$

注意, 表 2 中质数 p 的位数为二进制的位数而不是十进制的位数. 例如, 对于 ECC_p-109, 其定义为: 给定

$$E(\mathbf{F}_p): y^2 \equiv x^3 + ax + b \pmod{p}$$

求出正整数 k, 使之 $Q(x_q, y_q) = kP(x_p, y_p)$, 其中的 p, a, b, x_p, y_p, x_q, y_q 等诸参数之值由下式给定:

表 2　　　　　　　　　　**ECDLP 挑战题**

$E \backslash \mathbf{F}_p$	质数 p 的位数	所需之运算量	奖金	问题的现状
ECC_p-79	97	3.0×10^{14}	\$5000	解决于 1998 年
ECC_p-109	109	2.1×10^{16}	\$10000	解决于 2002 年
ECC_p-131	131	3.5×10^{19}	\$20000	悬而未决
ECC_p-163	163	2.4×10^{24}	\$30000	悬而未决
ECC_p-191	191	4.9×10^{28}	\$40000	悬而未决
ECC_p-239	239	8.2×10^{35}	\$50000	悬而未决

$$p = 564538252084441556247016902735257$$
$$a = 321094768129147601892514872825668$$
$$b = 430782315140218274262276694323197$$
$$x_p = 97339010987059066523156133908935$$
$$y_p = 149670372846169285760682371978898$$

$$x_q = 44646769697405861057630861884284$$

$$y_q = 52296809889578588047540374779097$$

本问题已于 2002 年被解决，其 k 值为：

$$k = 281183840311601949668207954530684.$$

表 2 中最小未被解决的问题为 ECC_p-131，其 p, a, b, x_p，y_p, x_q, y_q 等诸参数之值由下式给定：：

$$p = 1550031797834347859248576414813139942411$$

$$a = 1399267573763578815877905235971153316710$$

$$b = 1009296542191532464076260367525816293976$$

$$x_p = 1317953763239595888465524145589872695690$$

$$y_p = 434829348619031278460656303481105428081$$

$$x_q = 1247392211317907151303247721489640699240$$

$$y_q = 207534858442090452193999571026315995117.$$

和 DLP 一样，ECDLP 也没有快速的求解算法，因此我们可以将基于 DLP 的密码体制如 ElGamal 公钥密码体制推广到基于 ECDLP 的 ElGamal 公钥密码体制上（图 31）：

[1]张三和李四两人要事先在公开的通道上选定有限域 $\mathbf{F}_q$（其中 $q = p^r$，p 为质数）上的一条椭圆曲线 E，以及随机点 $P \in E$（该点要能生成一个很大的子群，这个子群最好和椭圆曲线 E 本身所构成的群一样大或比较接近）。

[2]张三选定一个随机数 $a \in \{1, 2, \cdots, q-1\}$（$a$ 可以认为是张三之私钥），并计算出 aP（aP 可以认为是张三之公

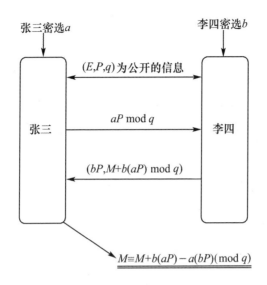

图 31　椭圆曲线离散对数密码示意图

钥），且将其传输给李四．

[3]李四选定一个随机数 $b \in \{1,2,\cdots,q-1\}$（b 可以认为是李四之私钥），并计算出 bP（bP 可以认为是李四之公钥），且将其传输给张三．

[4]现在假定张三要给李四传输信息 M（明码）．为了不直接传输 M，首先张三要选定一个随机数 k，并利用李四的公钥 bP 计算出密码 C

$$C = (kP, M + k(bP)) \qquad (67)$$

且将其传输给李四．

[5]为了能够将 C 变换回 M，李四需要对 C 进行解密计算，但由于李四有 b，所以他可以很容易地计算出

$$M = M + k(bP) - b(kP). \tag{68}$$

从而可以得到并阅读明码 M.

　　显然，敌方如能计算椭圆曲线上的离散对数，他就能从公开的信息 P 和 bP 中确定出 b，从而破译 C. 由于求解椭圆曲线上的离散对数比求解一般有限域上的离散对数更困难（我们前面讲到，求解一般有限域上的离散对数已经是一件很困难的事情了），因此当所选的有限域 $\mathbf{F}_q$ 很大、所选的椭圆曲线以及这条曲线上的点 P 又很合适时，a 或 b 是很难算出的，因此基于椭圆曲线离散对数的密码体制也就要更安全些（至少比基于一般有限域上的离散对数的密码体制要更安全些）. 另外，椭圆曲线密码体制与其他公钥密码体制相比，在钥的长度相同的情况下，它的安全性要更高些. 正是基于上述这些原因，目前人们才会对椭圆曲线密码体制更感兴趣.

　　我们刚介绍了应用椭圆曲线进行信息的加密和解密运算，我们也可以应用椭圆曲线进行密钥交换和数字签名等很多其他有关信息安全方面的重要领域，比如下面介绍的就是一种基于椭圆曲线的 Diffie-Hellman-Merkle（简记为 DHM）密钥交换体制；公钥密码学中的其他很多体制都可很容易地推广到椭圆曲线上去（图 32）：

　　[1] 首先张三和李四两个人要共同公开约定一个有限域 $\mathbf{F}_q$（$q = p^r$ 为质数幂），以及在 $\mathbf{F}_q$ 上的一条椭圆曲线 E，

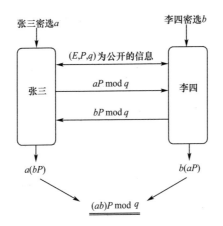

图 32　椭圆曲线 DHM 密钥交换体制示意图

并在 E 上选定一个起始点 P,该点要能生成一个很大的子群,这个子群最好和椭圆曲线 E 本身所构成的群一样大或比较接近.

[2]张三选定一个随机数 $a\in\{1,2,\cdots,q-1\}$ 并计算 $aP\bmod q$ 且将其发送给李四.

[3]李四选定一个随机数 $b\in\{1,2,\cdots,q-1\}$ 并计算 $bP\bmod q$ 且将其发送给张三.

[4]此时张三可以算出 $a(bP)\bmod q$,李四可以算出 $b(aP)\bmod q$. 由于 $a(bP)\bmod q=b(aP)\bmod q=(ab)P\bmod q$,因此张三和李四就形成了一个公共的密钥 $(ab)P\bmod q$,日后他们两人便可用此密钥来进行加密解密的运算,从而达到在不安全的通道上进行保密通信的目的.

显然,敌方可截获到 $g,P,aP\bmod q,bP\bmod q$,因此,

如果他有快速的求解椭圆曲线上离散对数的算法，他就能从已截获的信息 $P, q, aP \bmod q, bP \bmod q$ 中求出 a 或 b，从而算出 $(ab)P \bmod q$. 如前所述，求解椭圆曲线上的离散对数是一件很困难的事情，因此当所选的有限域 $\mathbf{F}_q$ 很大、所选椭圆曲线上的点 P 很合适时，a 或 b 是很难算出来的，这也就是说 $(ab)P \bmod q$ 是很难算出来的."醉翁之意不在酒"，此处的关键不在于加密解密的计算有多困难，而在于离散对数的计算非常困难.

最后，我们要特别强调一点，椭圆曲线（公钥）密码体制 ECC 与别的公钥密码体制（如 RSA 密码体制）相比，在安全性相同的情况下，其密钥的长度可以短很多，当然，与私钥密码体制（如美国国家密码标准 Advanced Encryption Standard, AES）相比，它还是要长一些的（表 3）.

表 3　　ECC, RSA 和 AES 之密钥长度的比较（二进制位）

ECC 的密钥长度	RSA 的密钥长度	AES 的密钥长度
256	3072	128
384	7680	192
512	15360	256

这样一来，就使得 ECC 尤其适合于硬件和速度等条件受到限制的密码通信（如手机的密码通信和商务）等信息安全的应用中.

我们的书写到这里，就算是基本结束了，但人们对椭圆曲线的认识、研究与应用却只是开了一个很小的"小头". 在椭圆曲线这块原野里,还有大片未能开垦的土地.作者希望读者,尤其是年青一代的读者,能够把对本书的学习作为一个起点,创新创意,在椭圆曲线的研究与应用领域里勤奋耕耘,取得成绩.这正是:

> 椭圆曲线新课题,
>
> 科研创新遇契机.
>
> 古老数论添新枝,
>
> 努力开辟新天地.

思考与科研题八

(1)思考题

(a)Pohlig-Hellman 方幂加密法的工作原理如下:

- 选择一个大质数 p 和一个加密钥 k,使之 $0<k<p$,$\gcd(k,p-1)=1$.
- 计算解密钥 k',使之 $k \cdot k' \equiv 1 \pmod{p-1}$.
- 加密运算:$C \equiv M^k \pmod{p}$.
- 解密运算:$M \equiv C^{k'} \pmod{p}$.

(i)将 Pohlig-Hellman 方幂加密法推广到椭圆曲线 $E(\mathbf{F}_p)$ 上.

(ii)将 Pohlig-Hellman 方幂加密法推广到乘法群 $E(\mathbf{Z}/n\mathbf{Z}^*)$ 上,其中 $n=pq$,p 和 q 为质数.

(b)RSA 密码体制的工作原理如下:

- 加密:$C \equiv M^e \pmod{n}$,
- 解密:$M \equiv C^d \pmod{n}$,

其中 $n=pq$ 为两个质数之乘积,$ed \equiv 1 \pmod{(p-1)(q-1)}$.

将 RSA 密码体制推广到椭圆曲线 $E(\mathbf{Z}/n\mathbf{Z})$ 上.

(c)求解本章介绍的椭圆曲线离散对数问题 ECC_p-109.

(2)科研题

(a)求解本章介绍的椭圆曲线离散对数问题 ECC_p-131.

(b)如所知,椭圆曲线密码法的安全性基于椭圆曲线离散对数问题(ECDLP)的难解性.目前人们还没有发现一种亚质数复杂性的求解 ECDLP 的算法.但是,如果实用的量子计算机存在的话,ECDLP 是可以在多项式时间内进行的.懂量子力学且有量子计算基础的读者,可研究设计一种"实用的"求解 ECDLP 的量子算法.(注:求解 ECDLP 的量子算法是有的,但并不实用.)

(c)和量子计算机一样,基于 DNA 的分子计算机也是一种具有潜力的新型计算机系统.懂分子生物学且有 DNA 计算基础的读者,可研究设计一种"实用的"求解 ECDLP 的 DNA 算法.(注:求解 ECDLP 的 DNA 算法也是有的,但并不实用.)

(d)法国著名数学家让-皮埃尔·塞尔(Jean-Pierre Serre)说过:"提不出问题的数学家不是真正的数学家."看了本书之后,你是否有什么新的问题、新的观点、新的思想、新的路子、新的见解、新的发现、新的突破?

参考文献

最后,我们给出与椭圆曲线有关的若干重要参考文献;仅限于英文(有关中文参考文献,国内读者容易得到,就不列出了),并以作者姓氏字母顺序排列,同时给出一些必要的注解.

[1]A. O. L. Atkin and F. Morain,"Elliptic Curves and Primality Proving", *Mathematics of Computation*, 61 (1993),pp29-68.这是一篇在文献[6]的基础上讨论椭圆曲线质性检验的优秀论文,并且具体实现了一种非常快速的椭圆曲线质性检验系统,是目前世界上最实用的椭圆曲线质性检验系统. Atkin(1925—2008)1952 年在剑桥博士毕业,导师为 20 世纪国际著名数学大师 John Littlewood. Morain 是法国一位年轻有为的计算数论专家,1990 年在里昂第一大学(Université Claude Bernard Lyon 1)博士毕

业.

[2]B. Birch and P. Swinnerton-Dyer,"Notes on Elliptic Curves Ⅱ", *Journal für die Reine und Angewandte Mathematik*,218(1965),pp79-108. 这就是 Birch 和 Swinnerton-Dyer 提出 BSD 猜想的论文. 不过事实上,BSD 猜想在他们合写的第一篇论文"Notes on Elliptic Curves Ⅰ", *Journal für die Reine und Angewandte Mathematik*,212(1963),pp7-25 中就有所反映. 应该说 BSD 猜想是在这两篇论文里系统提出的. 原先他们还计划写第Ⅲ篇、第Ⅳ篇论文,但由于 Birch 在 20 世纪 60 年代初期就从剑桥转到曼彻斯特大学去了(后来又转到牛津大学),而 Swinnerton-Dyer 则又在剑桥担任了繁重的院校两级领导职务,所以他们两人就没有机会再合作继续做这件事情了. 不过他们的计划并没有中断,其后续工作仍由他们的学生继续进行.

[3]C. Breuil, B. Conrad, F. Diamond and R. Taylor, "On the Modularity of Elliptic Curves over **Q**:Wild 3-Adic Exercises", *Journal of the American Mathematical Society*,14 (2001),pp843-939. 这是一篇在 Wiles 的论文[19]的基础上全面证明 Taniyama-Shimura-Weil 猜想的重要论文. 这篇论文的四个作者中有三个是 Wiles 在普林斯顿培

养的博士毕业生.

[4]R. Crandall and C. Pomerance, *Prime Numbers: A Computational Perspective*, 2nd Edition, Springer, 2005. 这是一本关于计算数论的著作,内容丰富翔实,习题很多,但由于两个作者分写不同的章节,因此不少章节没有衔接好,并且术语也不太一致.

[5]V. Deolalikar, $\mathcal{P} \neq \mathcal{NP}$, HP Labs Palo Alto, California, 6th August 2010. 在这篇文章里,作者声称他证明了 $\mathcal{P} \neq \mathcal{NP}$ 这个"千禧难题". 但目前没有人能相信其证明,因为文章中的漏洞太多太大,几乎是不可弥补的. 应该说 $\mathcal{P}$ 确实是不等于 $\mathcal{NP}$,但目前人们并没有足够的证据来证明这件事情.

[6]S. Goldwasser and J. Kilian, "Primality Testing Using Elliptic Curves", *Journal of ACM*, 46, 4 (1999), pp450-472. 这是一篇介绍椭圆曲线质性检验的早期论文(但正式在学报上发表的时间比较晚),其实该文是第二个作者在第一个作者指导下于 1989 年在 MIT 完成的博士论文,曾获美国 ACM1989 年的优秀博士论文奖,原文曾在 ACM 优秀博士论文集中出版(MIT Press,1990 年).

[7]G. H. Hardy and E. M. Wright, *An Introduction to*

the Theory of Numbers, 6th Edition, Oxford University Press, 2008. 这是当今世界上影响最大的一本"经典的"数论著作,1938 年由英国著名数学家 Hardy(我国著名数学家华罗庚 1936—1937 年在英国留学时的导师)和他的学生 Wright 出了第一版,1945 年又出了第二版. Hardy1947 年过世后,Wright 又于 1954,1960,1979 年出了第三、四、五版. 如今 Wright 也于 2005 年以 99 岁的高龄过世了. 目前该书的最新版本为于 2008 年出版的第 6 版,由 Hardy 的学生(Davenport)的学生(Baker)的学生、英国牛津大学著名数论大师 Heath-Brown 修订,并且特别由美国布朗大学著名椭圆曲线专家 Silverman 在书末增写了椭圆曲线一章(不过对费马定理和 BSD 猜想只是一笔带过,未能详述). 国内有该书的第五版的英文影印版和中文翻译版,均由人民邮电出版社出版.

[8] D. Husemöller, *Elliptic Curves*, 2nd Edition, Springer, 2004. 这也是一本比较通俗易懂的椭圆曲线著作,作者为德国数学家.

[9] K. Ireland and M. Rosen, *A Classic Introduction to Modern Number Theory*, Springer, 1990. 这是一本由美国布朗大学教授 Ireland(已故)和 Rosen 所著的"现代"数论

著作,具有很强的代数数论和算术代数几何特色,书中有关于椭圆曲线的较为深入的介绍. 如将该书和 Hardy 的书[7]结合起来阅读,则能相得益彰,互为补充.

［10］N. Koblitz, "Elliptic Curve Cryptography", *Mathematics of Computation*, 48(1987), pp203-209. 最早关于椭圆曲线密码法的两篇论文之一.

［11］N. Koblitz, *Introduction to Elliptic Curves and Modular Forms*, 2nd Edition, Springer, 1993. 一本介绍椭圆曲线理论的著作,作者为美国华盛顿大学(西雅图)教授.

［12］H. W. Lenstra, Jr. , "Factoring Integers with Elliptic Curves", *Annals of Mathematics*, 126(1987), pp649-673. 这是第一篇关于椭圆曲线整数分解的论文,影响巨大,地位重要. 一般认为,这是椭圆曲线理论在数学、计算机科学和密码学方面的应用的第一个重要里程碑.

［13］V. Miller, "Uses of Elliptic Curves in Cryptography", *Advances in Cryptology*, CRYPTO'85, Proceedings, Lecture Notes in Computer Science 218, Springer, 1986, pp 417-426. 最早关于椭圆曲线密码法的两篇论文之一.

［14］K. Rubin and A. Silverberg, "Ranks of Elliptic

Curves", *Bulletin of the American Mathematical Society*, 39 (2002), pp 455-474. 该文详细介绍了椭圆曲线秩的概念和到 2002 年为止关于秩的研究的进展.

[15] J. H. Silverman, *The Arithmetic of Elliptic Curves*, Springer, 1986. 这是一本经典的系统的权威的椭圆曲线著作,作者为美国布朗大学教授(见下一条款). 在本书出版 9 年后,作者又出版了一本更深入一点的椭圆曲线专著: *Advanced Topics in the Arithmetic of Elliptic Curves*, *Springer*, 1995.

[16] J. H. Silverman and John Tate, *Rational Points on Elliptic Curves*, Springer, 1992. 这是一本由美国著名数论和椭圆曲线大师 Tate[1925—2019, 1950 年在普林斯顿大学博士毕业,导师为德国著名数学大师(奥地利人) Emil Artin(我国吉林大学数学系第一任主任王湘浩院士是 Artin 1949 年在普林斯顿大学的博士毕业生,而国际著名数学大师陈省身先生则是 Artin 1934—1935 年在德国汉堡大学的学生),之后一直在哈佛大学任教,从哈佛大学退休,之后又在 Texas 大学 Austin 分校工作了 20 多年,从 Austin 分校再次退休,又重返哈佛,在哈佛生活和工作.)和他 1982 年在哈佛大学毕业的博士生(曾为美国布朗大学数学

系主任)Silverman 所著的椭圆曲线有理点理论的著作. 该书通俗易懂,适合于大学生阅读.

[17]R. Taylor and A. Wiles,"Ring-Theoretic Properties of Certain Hecke Algebras",*Annal of Mathematics*, 141 (1995), pp 553-572. 该文填补(实际上是绕过)了 Wiles 证明费马定理的论文(参考文献[19])中的一个漏洞. Taylor 为 Wiles 1988 年在普林斯顿的博士毕业生.

[18]L. C. Washington,*Elliptic Curves: Number Theory and Cryptography*, 2nd Edition, CRC Press, 2008. 这是美国马里兰大学教授 Washington 所著的一本椭圆曲线及其应用的著作.

[19]A. Wiles,"Modular Elliptic Curves and Fermat's Last Theorem",*Annal of Mathematics*, 141 (1995), pp 443-551. 这是 Wiles 证明费马定理的世纪杰作,影响巨大,意义深远,地位显赫,当然也非常难看懂. Wiles 1953 年出生于剑桥,先后在牛津和剑桥获得学士和博士学位,之后长期在普林斯顿工作. 从 2011 年开始,他重返英国,到他的母校牛津大学工作. Wiles 是当代一位极为出色的数论和算术代数几何专家,在椭圆曲线的理论方面有着极深的造诣,在解决完费马定理后,又在极为专心地从事与 BSD 猜想有

关的工作.

[20] S. Y. Yan, *Number Theory for Computing*, 3rd Edition, Springer, 2010. 这是本书作者写的一本关于计算数论著作的最新版本(第一和第二版分别于 2000 年和 2002 年出版,其中第二版世界图书出版社于 2004 年出版了英文原版的影印本),书中有关于椭圆曲线的理论、计算和各种应用的讨论与介绍.该书已译成多种文字,包括中文的译文版本(2008 年由清华大学出版社出版).

数学高端科普出版书目

数学家思想文库	
书　名	作　者
创造自主的数学研究	华罗庚著;李文林编订
做好的数学	陈省身著;张奠宙,王善平编
埃尔朗根纲领——关于现代几何学研究的比较考察	[德]F.克莱因著;何绍庚,郭书春译
我是怎么成为数学家的	[俄]柯尔莫戈洛夫著;姚芳,刘岩瑜,吴帆编译
诗魂数学家的沉思——赫尔曼·外尔论数学文化	[德]赫尔曼·外尔著;袁向东等编译
数学问题——希尔伯特在1900年国际数学家大会上的演讲	[德]D.希尔伯特著;李文林,袁向东编译
数学在科学和社会中的作用	[美]冯·诺伊曼著;程钊,王丽霞,杨静编译
一个数学家的辩白	[英]G.H.哈代著;李文林,戴宗铎,高嵘编译
数学的统一性——阿蒂亚的数学观	[英]M.F.阿蒂亚著;袁向东等编译
数学的建筑	[法]布尔巴基著;胡作玄编译

数学科学文化理念传播丛书·第一辑	
书　名	作　者
数学的本性	[美]莫里兹编著;朱剑英编译
无穷的玩艺——数学的探索与旅行	[匈]罗兹·佩特著;朱梧槚,袁相碗,郑毓信译
康托尔的无穷的数学和哲学	[美]周·道本著;郑毓信,刘晓力编译
数学领域中的发明心理学	[法]阿达玛著;陈植荫,肖奚安译
混沌与均衡纵横谈	梁美灵,王则柯著
数学方法溯源	欧阳绛著

书　名	作　者
数学中的美学方法	徐本顺，殷启正著
中国古代数学思想	孙宏安著
数学证明是怎样的一项数学活动？	萧文强著
数学中的矛盾转换法	徐利治，郑毓信著
数学与智力游戏	倪进，朱明书著
化归与归纳·类比·联想	史久一，朱梧槚著

数学科学文化理念传播丛书·第二辑

书　名	作　者
数学与教育	丁石孙，张祖贵著
数学与文化	齐民友著
数学与思维	徐利治，王前著
数学与经济	史树中著
数学与创造	张楚廷著
数学与哲学	张景中著
数学与社会	胡作玄著

走向数学丛书

书　名	作　者
有限域及其应用	冯克勤，廖群英著
凸性	史树中著
同伦方法纵横谈	王则柯著
绳圈的数学	姜伯驹著
拉姆塞理论——入门和故事	李乔，李雨生著
复数、复函数及其应用	张顺燕著
数学模型选谈	华罗庚，王元著
极小曲面	陈维桓著
波利亚计数定理	萧文强著
椭圆曲线	颜松远著